#LIVE STREAMING TEXTBOOK

#ライブ配信の教科書

スマホ1台でできる!
企業PRとファンづくりの「新常識」

You can do it with just one smartphone!
The "new normal" for corporate PR and fan building

ゆうこす
(菅本裕子)

日経BP

はじめに

この本を手に取ってくれた皆さん、モテクリエイター〝ゆうこす〟こと菅本裕子と申します！　モテクリエイターという言葉は私が作った造語です。女性を中心にモテるための情報を提供する、まだ誰も使ったことがない肩書として発明しました。おかげさまで、現在はＳＮＳ（交流サイト）で約１５０万人の方にフォローいただき、インフルエンサーやＳＮＳアドバイザーとしてお仕事をいただくようになりました。

そんな私が「ライブ配信」と出合ったのは２０１５年の末。スマートフォン（スマホ）１台と専用アプリさえあれば、自分が伝えたいことを手軽にネットで「生放送」できて、それを見てくれる人たちとコメントのやり取りを通じて、リアルタイムでコミュニケーションができる――。そんな面白さにハマって、その後は毎日ライブ配信をするようになりました。

２０１８年9月には、自分のスキンケアブランド「ｙｏｕａｎｇｅ（ユアンジュ）」を立ち上げ、ライブ配信で商品を紹介して、そのままネットで購入してもらえるようにしました。視聴者とコミュニケーションを取りながら商品の良さを知ってもらい、納得して買ってもらえる仕組みは好評で、新商品を作るたびに完売が続きました。

２０１９年10月にはライブ配信者（ライバー）を支援する事務所「３２１（さん・にー・いち）」を立ち上げました。ライブ配信がこれからどんどん普及していくと信じている私は、ライバーの育成とマネジメントをする機能が求められるようになると考えて、この事業を始めました。こちらもおかげさまで、起業早々から登録者が８００人を超えるまでになっています。

ライブ配信という仕組みを通して、自分が輝ける場所を作り、事業の拡大に取り組んできた私は、常々「なんでみんなライブ配信をやらないんだろう」と不思議に思っていました。そして、ぜひ多くの皆さんにライブ配信の面白さを知ってもらい、活用してもらいたい！　と考え、この本を書くことにしました。

「リモート＋５Ｇ」の時代にこそ、ライブ配信を！

執筆を進めている間に起こったのが、新型コロナウイルスの世界的な感染拡大でした。「密閉」された空間、人が「密集」する場所、「密接」する場面、いわゆる「３密」を避けることが求められる中、たくさんの人をリアルに集めて開催されるコンサートや販促イベントなどが軒並み中止となりました。

そんな状況にあって、メディアで「ライブ配信」という言葉をよく耳にするようになりました。例えば、有名人がプロモーションあるいはプライベートでＩｎｓｔａｇｒａｍ（インスタグラム）を使ってライブ配信をすることがネットでニュースになったりしましたよね。有名アーティストが、中止になったコンサートを無観客で再現してライブ配信をすることも多かったので、これまでライブ配信になじみのなかった人たちにもずいぶん浸透したように思います。

また、多くの企業でリモートワークが推奨され、「ビデオ会議」が一気に導入されました。専用アプリの「Ｚｏｏｍ（ズーム）」などを使って、それぞれ自宅にいながら顔を合わせての「ライブミーティング」が簡単にできることを実感した人たちが増えたのではないでしょうか。「ズーム飲み会」という言葉も話題になりました。この結果、やはりライブ配信について身近に感じ、活用してみたいという人が増えたはずです。

それを裏付けるデータもあります。ライブ配信の有力なアプリの1つである「17LIVE（イチナナ）」によると、2020年4月のライバーへの参加率は、前月比で約5倍の伸びを記録したというのです。たくさんの人が視聴するだけでなく、ライバーデビューを果たしたようです。前述のズームを運営する米ズーム・ビデオ・コミュニケーションズは、2020年2～4月期の売上高が前年同期比で約2・7倍になったと発表しています。本当に多くの人がライブ配信を体験したのではないでしょうか。今は緊急事態宣言も全国で解除され、少しずつ日常を取り戻している状況ですが、ライブ配信はこれからもっと人々の生活に浸透すると思います。

ありがたいことに、私は自宅にいながらライブ配信を活用して以前と変わりなくお仕事ができています。経営に参加している会社の総売上高は2019年で約3億円にまで成長することができました。2020年はコロナ禍で多くの業界、企業が業績に大きな打撃を受けることが予想されますが、私のライブ配信のエンゲージメントは下がることなく、視聴者数はむしろ1・5倍に増え、ライバーを支援する321の売り上げも毎月、倍々で増えています。

これはひとえにファンの皆さんのおかげです。そしてライブ配信というツールのおかげでもあると思っています。

２０２０年3月には次世代の通信規格「５Ｇ」が国内でもスタートしました。高速・大容量、低遅延といった特徴を持つ５Ｇによってライブ配信はより一般的になるでしょう。遠くに離れた人同士をほぼリアルタイムに高画質・高音質で結ぶことができるようになれば、リアルなイベントの代替には留まらないさまざまなコンテンツがライブ配信から登場しそうです。

現状、ネット上で見られる動画というとＹｏｕＴｕｂｅ（ユーチューブ）を思い浮かべる人が多いと思います。人気ＹｏｕＴｕｂｅｒ（ユーチューバー）のコンテンツは凝った作りで大いに楽しませてくれますが、動画編集用の高スペックのパソコンや専用ソフトをそろえ、時間と手間がかかるので大変です。その点、スマホ1台で発信できるライブ配信は格段に始めやすい。そして、すでに多くの人が慣れ親しんだユーチューブより、「鮮度の高い注目ツール」として、企業がファンづくりや販促活動にどんどん活用するようになると睨んでいます。

この本には、ライブ配信を一足早く事業化し、さまざまな経験から得た知見やノウハウをたっぷり盛り込みました。自社の商品・サービス、新規事業をどうやって世の中に認知させるか、またネットを使ってどうやって販売するのか、こうしたことに悩んでいるビジネスパーソンの皆さんの助けになればうれしいです。同時に、これからライバーを目指している方にも大いに役立つ内容になっています。ライブ配信をきっかけにアーティストや俳優として「芸能界デビュー」という夢を叶えたい、そんな方たちのサポートもできたら光栄です。

これからライブ配信を始める皆さんに、手元に置いて教科書のように利用してもらえる本になっていると思います。

菅本裕子

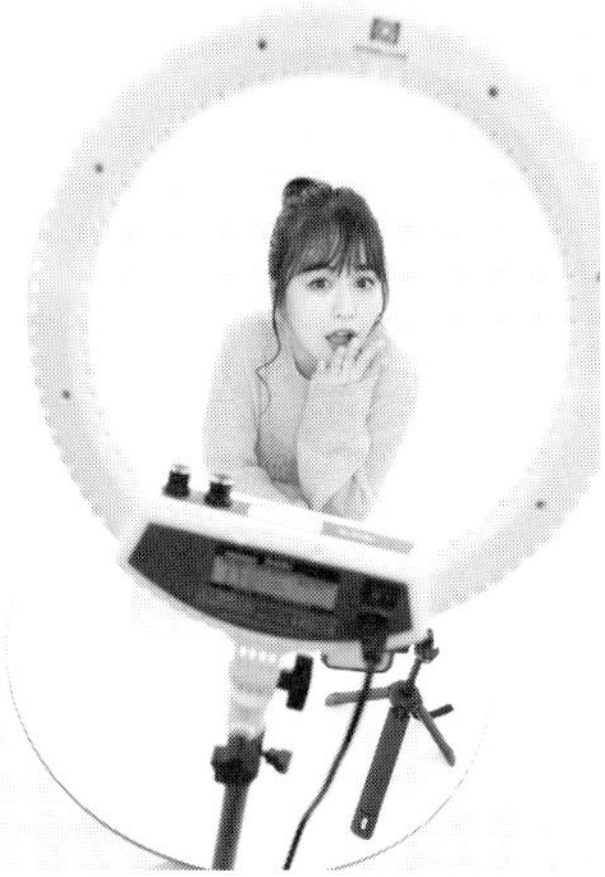

#ライブ配信の教科書／目次

第1章

まずはライブ配信の基本から

"ゆうこす"ブランドはライブ配信とともに歩んできました

ここからライブ配信について解説していきたいのですが、「はじめに」でも少し触れた私とライブ配信の歴史について年表にしてみました（18〜19ページ参照）！　これを見ていただければ、私がライブ配信で取り組んできたこと、そしてどのように成長してきたかが、分かりやすいと思います。

私のこれまでの活動は、大きく次の4つのフェーズに分けられます。

（1）ライブ配信を生活の基盤にする黎明期（2015年12月〜2016年8月）

私が生まれて初めて個人でライブ配信を行ったのはライブ配信アプリ「SHOWROOM（ショールーム）」でした。実は個人で始める前に数人で集まってグループでライブ配信をしていて、1人あたり1万円ほどの報酬をもらっていました。その後、2015年のクリスマスに初めて個人アカウントで配信を開始したのです。初めてだったにもかかわらず、私の収入は約10万円にもなりました。おそらく、ギフティング（詳しくは後述します）による売り上げはその3倍くらいだったはずです。このとき、私はライバーを職業にすることを決意しました。

2016年1月には、講談社が主催するアイドルオーディション「ミスiD」の準グランプリを受賞しました。私の知名度もやや上がったのでしょう。なんとか月45万円ほど稼げるまでに成長し、ライブ配信だけで初めて食べていけるようになりました。そして、インスタグラムを開始してすぐにフォロワーが1万人を突破。ライブ配信を生活の基盤とする第一歩を踏み出しました。

(2)「ライブ配信を使って新しいことにチャレンジする人」というブランディング確立期（2016年9月〜2018年1月）

なんとかライブ配信で生活できるようになったのですが、さらなる成長のためには、ほかのライバーとは一線を画す「ゆうこすブランド」を確立する必要性を感じていました。そのため、誰もやらないような面白い企画や、とがっている企画をライブ配信で率先して行うことにしました。

中国でライブコマースが流行る以前の2016年9月、旅行先で買い付けたアイテムをライブ配信で売るという「TaVision（タビジョン）」のサービスを韓国で行い、連日1時間ほどで完売させることができました。その後、LINE LIVEさんからのお誘いを受けて、ライブ配信でさまざまな企画に挑戦。この結果、幻冬舎の見城徹社長が今会いたい人物と対談をする番組、AbemaTV（現在はABEMA）『徹の部屋』で安倍首相に次ぐ2位の視聴者数を記録できたのです。これは衝撃的で、本当にうれしかったです！　初の著書を出版することもでき、ライブ配信を使って告知もしたりしました。

その後、「イーハイフン ワールド ギャラリー」とコラボレーションした服もライブ配信を使って発売。このときはLINE LIVE、インスタグラム、ユーチューブで同時に配信したこともあり、完売することができました。

（3）Instagram（インスタライブ）によるブランディング完成期（2018年2月～2019年9月）

この期間は、毎日ライブ配信を決まった時間に実施していました。この結果、「ライブ配信といえばゆうこす」というブランディングが完成期を迎えました。メディアからの取材もたくさん入るようになりましたし、自社のスキンケアブランド「ユアンジュ」もライブ配信を使って販売を開始。ありがたいことに完売が続きました。

ほかにもアパレルブランド「＃ａｍｉｃ（アミック）」や、カラーコンタクトレンズの「チューズミー（Ｃｈｕ，ｓ ｍｅ）」のプロデュースも手がけ、ライブ配信で得たコアなファンと一緒に成長していった時期でした。そのときのノウハウは『共感ＳＮＳ丸く尖る発信で仕事を創る』（幻冬舎）にまとめることができました。

（４）これまでの経験を生かす！　ライバー育成期（２０１９年10月〜）

ライバーの育成、これが現在、私が最も力を入れていることです。２０１８年６月に立ち上げた「ＫＯＳライバー部」を、事業化したのがライバー事務所「３２１」です。この売り上げは、毎月、前月比で倍々に伸びていて、問い合わせや所属ライバーなども増え続けています。

いつ		フェーズ	出来事	売り上げなど
	2月	Instagram（インスタライブ）によるブランディング完成期	SNSアドバイザーとして講演活動を本格的に開始	初回200社が参加
	3月			
	4月			
	5月			
	6月		「KOSライバー部」を設立	ライバーを育成事業に進出
	7月			
	8月			
	9月		スキンケアの自社ブランド「youange（ユアンジュ）」発売	ライブコマースで発売。配信開始早々、当月発売予定分の3500個を完売。売り上げは1300万円
	10月			
	11月		アパレルブランド「#amic（アミック）」をプロデュース	開発段階からライブ配信を実施
	12月			
2019年	1月			
	2月			
	3月			
	4月			
	5月		単行本『共感SNS 丸く尖る発信で仕事を創る』（幻冬舎）発売	オンラインサロンにてライブ配信を活用し制作
	6月			
	7月		ゆうこすがモデルのカラコン「チューズミー（Chu' s me）」発売	初回の販売個数が約1万（完売）
	8月			
	9月			
	10月	自身の経験を生かす！ライバー育成期	ライバー育成・マネジメント会社「321」設立	ライバー育成事業を本格化
	11月			
	12月		「321」の業務がスタート	月商170万円からスタート
2020年	1月			321の月商200万円
	2月			321の月商400万円
	3月			321の月商500万円
	4月			321の月商1000万円
	5月			321の月商2000万円
	6月			321の月商3000万円

youange（ユアンジュ）の公式サイト
（https://shop.youange.com/）

TaVision（タビジョン）の公式サイト
（https://tavision.tv/）

●ゆうこすのライブ配信の歴史

いつ		フェーズ	出来事	売り上げなど
2015年	12月		SHOWROOMでライブ配信を個人アカウントで開始	初配信1日の手取りが約10万円
2016年	1月		「ミスiD2016」準グランプリを獲得	インスタグラム開始、すぐにフォロワー1万人
	2月	ライブ配信を生活の基盤にする黎明期		
	3月			
	4月			
	5月		TaVision（タビジョン）開始	
	6月			
	7月			
	8月		KOS,inc. 設立	インスタグラムとツイッターのフォロワーが10万人
	9月		TaVisonの韓国編をツイキャスで配信	連日1時間で100万円以上の売り上げ（完売）
			LINE LIVE開始	毎回平均5万回以上の再生
	10月			
	11月		YouTube開始	チャンネル登録者数が1カ月で5万人
	12月			
2017年	1月			
	2月			
	3月		イーハイフン ワールド ギャラリーとのコラボ服を発売	ライブ配信を活用。LINE LIVE、インスタライブ、YouTubeライブで同時配信。3点の売り上げが1200万円（完売）
	4月	「ライブ配信を使って新しいことにチャレンジする人」というブランディング確立期	スタイルブック『#モテるために生きてる！』（ぶんか社）発売	ライブ配信でスタイルブックの発売発表から告知活動までを実施。LINE本社にスタイルブックを持参して突撃した
	5月			
	6月			
	7月			
	8月			
	9月		単行本『SNSで夢を叶える ニートだった私の人生を変えた発信力の育て方』（KADOKAWA）発売	LINE LIVEで朗読会を複数回実施
	10月			
	11月		【菅本裕子×家入一真×堀江貴文】〜ゆうこすと一杯スペシャル〜	SNSアドバイザーとして認知され始め、PR TIMESや東大などから講演の依頼が増える。
	12月			
2018年	1月		「やりたい事をやって生きたいの」オーディション	LINE LIVEで説明配信を複数回実施。配信のたびに応募が増え、最終的には5000人以上の応募
			AbemaTV『徹の部屋』に出演	安倍首相に次いで2位の視聴数（※）

※起業家の家入一真氏と一緒に出演

ライブ配信こそ、ブルーオーシャンなのです

ここからライブ配信について丁寧に解説していきます。なお、以後の本文中に会話調のテキストがたくさん出てきます。これは私が日経クロストレンドで連載中のコラム「ゆうこすの目指せプロフェッショナル」(※)からの引用コメントです。私が動画コンテンツの制作会社など、その道のプロフェッショナルにインタビューをしてさまざまなことを教えてもらうという企画で、たくさんのライブ配信アプリを提供する会社にも取材しました。お時間があれば、ぜひコラムも読んでみてください。本書後半には、明石ガクトさん(ワンメディア代表)、篠原誠さん(クリエイティブディレクター/篠原誠事務所代表)、前田裕二さん(仮想ライブ空間SHOWROOM代表)との対談を特別に収録しています。

※日経クロストレンド「ゆうこすの目指せプロフェッショナル」(https://xtrend.nikkei.com/atcl/contents/18/00152/)

では、まずライブ配信はネット動画の中でどのような位置付けなのか、どこが新しい

のか整理していきましょう。「配信方式」「作り手」「コミュニケーション」の3つを軸に見ていきます。

ネット動画の配信方式には、「オンデマンド型」と「ライブ型」があります。Netflix（ネットフリックス）やAmazonプライム・ビデオなど有料の動画配信サービスの多くは、映画やドラマ、オリジナル番組をいつでも見られるオンデマンド型です。これに対して、本書の主役であるライブ配信は、そのときしか見られない文字通りライブ型です。アーカイブとしてライブ配信を残しておけるライブ配信アプリもありますが、原則はその時間にしか視聴できません。

スポーツイベントのライブ中継が主なコンテンツの「DAZN（ダゾーン）」はライブ型で、配信方式は本書のライブ配信と同じですが、作り手が大きく違います。当たり前ですがダゾーンはプロの方々が作りますよね。一方、ライブ配信は一般のユーザーが作ります。カッコイイ言葉で表現すると、User Generated Contents（UGC）型なのです。しかもスマホさえあれば誰でもすぐに世界に向けて配信できてしまいます。

一般のユーザーが作る動画という意味ではユーチューブ動画もありますが、通常は録画して編集した動画をアップロードするので、オンデマンド型です（実はユーチューブはライブ配信もできます。詳しくは第2章で説明します）。人気のユーチューバーの中には毎日欠かさず、録画して編集してアップロードしている人がたくさんいます。私もユーチューブの動画配信をしていますが、月に1本作るのも大変です。それが毎日なんて……。これは本当に大変な労力だと思いますし、脱帽です！

その点ライブ配信はスマホ1台さえあればすぐにできてしまうので、編集する時間や技術がなくてOK！　撮影時間の何十倍もの時間を編集に充てているというユーチューバーさんがほとんどなので、その時間がまるっとなくなるのはかなり魅力的だと思いませんか？

ちなみに一般のユーザーが作るライブ配信では「ゲーム実況」もメジャーなカテゴリーです。ゲーム実況は、ゲームをしながら自分のプレーや選手のプレーを解説するライブ配信です。最近は新型コロナの影響で自宅にいる人が増えたためか、ゲーム実況が盛り上がっていました。一般人だけではなく、タレントのゲーム実況がニュースになったりもしましたよね。一番インパクトがあったのは、少し前の話になりますが、女優でモデルの本田翼さんが自身のユーチューブチャンネル「ほんだのばいく」でゲーム実況を行ったことでしょう。残念ながら本書では本格的なゲーム実況動画については触れませんが、興味のある方はユーチューブにたくさんアップされているゲーム実況動画に目を通してみてください。

そしてライブ配信を特徴づける最後の軸が、コミュニケーションです。ライブ配信の魅力は視聴者とのコミュニケーションが手軽に取れること。ネットフリックスなどの動画配信サービスは、あくまで制作サイドから一方通行でコンテンツを配信します。視聴者がコメントを投稿することができるケースもありますが、そのコメントを視聴者全員で簡単に共有する仕組みはありません。ユーチューブ動画にはコメントを投稿できますが、配信者側が個々のコメントに返信しないことが普通です。

ライブ配信では、コメントはどんどん流れていくので投稿するのに慣れは必要ですが、コメントをするという行為自体は気軽にできますし、多くのライバーはコメントがあると「○○さん、ありがとう！」などとリアクションをしてくれます。コミュニケーションのレベルがオンデマンド型のネット動画よりも断然高い。これがファンにはうれしいポイントになっているのです。

このようにライブ配信は、「配信方式」「作り手」「コミュニケーション」の3つの軸の組み合わせにおいて、これまでになかったネット動画なのです！　いわゆる「普通の人」がライブ型で配信し、視聴者と密接なコミュニケーションが取れるコンテンツは今までありませんでした。私はさまざまな方に「今こそライブ配信を！」と薦めていますが、その理由はまだ多くの人が始めていないから。コメントでのリアルタイムのコミュニケーションを通じて一緒にコンテンツを作っているから、ファンの熱量はより高まりますし、スマホさえあれば簡単に始められる。だからこそ、ライブ配信はネット動画の世界に現れたブルーオーシャンなのです！

ライバーを応援できる「ギフティング」

一般のユーザーが作るライブ配信が注目されるようになったのは、ここ2～3年ほどのことです。ライブ配信のサービス自体は以前からありました。米国発のサービスである「ユーストリーム」が一般向けにサービスを開始したのは２００７年。私がライブ配信に興味を持つきっかけとなったツイキャスは２０１０年に始まりました。

ここ数年でグンと注目度が高まったのは、「17ＬＩＶＥ（イチナナ）」や「ＳＨＯＷＲＯＯＭ」がきっかけではないかなと思っています。17ＬＩＶＥは、２０１５年にサービスを開始した台湾発のライブ配信アプリで、現在はグローバルに展開し、２０１７年に日本上陸を果たしました。そのユーザー数は全世界で４５００万人（２０２０年３月時点）を突破しています。

ＳＨＯＷＲＯＯＭの設立は２０１３年。一般のユーザーが配信できるようになったのは２０１４年です。その後、乃木坂46など現役アイドルがライブ配信する場所として有名になりました。最近ではジャニーズ初のバーチャルアイドルがデビューするなど話題も豊富です。ＳＨＯＷＲＯＯＭもユーザー数は伸び続けていて、アプリのダウンロード数が５００万（２０２０年４月時点）を突破したそうです。

17LIVEとSHOWROOMが注目された理由の1つが、課金アイテムの「ギフティング」が可能な点。再生回数や視聴者数に応じた広告収入ではなく、視聴者がライバーを経済的に直接支援する仕組みを用意したのです。SHOWROOM代表の前田裕二さんは、広告収入だけではユーチューバーやその所属事務所がマネタイズに苦労すると話します。

前田　ユーチューバー事務所の多くは、一部のトップユーチューバーが大きな企業タイアップなどで事業を支えるビジネスモデル。人気上位のユーチューバーは、「対クライアント（to B）」の広告ビジネスを柱に一定額は稼げていますが、人気下位のユーチューバーも事務所にたくさん登録している中で、それらは、広告に

仮想ライブ空間 SHOWROOM を運営する
SHOWROOM 代表の前田裕二さん

よるマネタイズがなかなか見え難いケースも多い。まだ駆け出しで、タイアップ（案件）も満足につかず、主に再生数によるアフィリエイト収入がベースになっているようなユーチューバーは、よほどの再生回数を超えれば別だが、収益は安定しづらい。再生回数あたりの単価、つまり、「何回再生で何円お金をもらえる」というものさしにも価格調整が入ることもある。たとえものすごく頑張って100万回再生されたとしても、それ単体で大きな見返りが期待できないことも多い。

※2020年1月9日公開の記事から引用・再構成

課金アイテムのギフティングは「投げ銭」などとも呼ばれます。ライバーは配信中に視聴者からこの課金アイテムを受け取り、そこから手数料などを差し引いた額を報酬として受け取ります。どのくらいの報酬が得られるのかについて、17LIVEを運営する17Media JapanのCEO（最高経営責任者）・小野裕史さんは次のように話してくれました。夢がありますよね。

小野　高級車を毎月買えるぐらいの人もたくさんいます。ライバーはよく「家賃ぐらいは稼ぎたい」と言うのですが、その程度であれば日本だけでも何千人というレベルで存在します。

※2019年12月2日公開記事から引用・再構成

視聴者からのギフティングでライバーの収入が安定しやすくなる一方で、ライブ配信アプリの事業者は、モデル募集、CM出演などのオーディションやイベント企画を多数用意しています。一般のユーザーがアイドルやアーティストになる夢を叶えるチャンスがもらえる場としても認知が進んでいます。

実際に、ライバーからファッション雑誌のモデルになるケースがあるなど、シンデレラストーリーもたく

17 Media Japan の CEO、小野裕史さん

さんあるそうです。こういう話を聞くと、「夢は叶えられるんだ！」とうれしくなりますよね。視聴者も自分が応援するライバーが有名になったらうれしいので、応援にも自然と熱が入ります。

中国のライブコマースはアリババだけで3兆円超

２０１７年には中国発でライブコマースという言葉をよく聞くようになりました。ライブコマースとは、タレントやインフルエンサーが、商品の特徴などを説明する動画をライブ配信し、視聴者はリアルタイムに質問やコメントをしながら商品を購入できるという新しいネット通販です。ライブで商品を紹介して購入できるという点ではジャパネットたかたさんのようなテレビショッピングのネット版と考えるとイメージしやすいのですが、視聴者とコミュニケーションが可能なので、よりリアルな接客に近い関係性の中で商品を薦めることができます。視聴者も「一緒にその番組を作っている」という感覚になれるのも良いところです。

ちなみに、ライブコマース先進国と言われている中国では、とんでもないことになっています。例えば、2016年に開始したアリババ・グループのライブコマース「淘宝直播（タオバオライブ）」では、アパレル、コスメ・ビューティー、ジュエリーなどさまざまなカテゴリーの商品が販売されていて、2020年3月末時点、2019年にタオバオライブで取引された商品の総売上高は2000億元を超え、前年比100%の増加とのこと。2000億元は、日本円でなんと約3兆1234億円！　まさにケタ違いです。しかも、2019年の末時点で消費者が毎日ライブコマースを観る時間は、累計35万時間にも上ります。中国では日本以上にネット上のクチコミなどの情報を信用して商品を購入する人が多いのだそうです。それにしてもこの数字は驚異的です。

また、タオバオライブは、北京市、上海市、広州市、天津市などの大都市だけではなく、新興地域や農村部でも新規ユーザーを集めているそうです。アリババさんにお聞きしたところ、「農村ライブ」というプロジェクトが進行中で、これは農家さんにもライバーになってもらい、地元の特産品や農産物のプロモーションを支援する取り組みとのこと。2019年のダブルイレブン（11月11日の独身の日）期間中に、15万回以上の農村ライブが中国各地域の農村部で行われ、2万人の農民ライバー、40人以上の村長・行政の管理者がタオバオライブを活用して、地元の特産品を紹介しました。結果、5万件の落花生、4万件のお米、3万件のクルミがライブ中に完売したのだそうです。さらに2020年、新型コロナが中国で流行している期間中、中国全土の農家がタオバオライブを通じて25万トンの農産物を完売させたと言います。

そして2月には、タオバオライブ上の新規ライブ配信アカウント数は前月比8倍になって、ライブコマースを通じた受注総数は平均して週20%増加したとのこと。多くの企業はタオバオが提供するライブコマースサービスで新商品を発表するようにもなっているようです。こうして中国はデジタル化がどんどん加速していく。こうした状況に日本も早くなってほしい！

日本の通販モールもライブ機能、使えます

日本でも少しずつではありますが、ライブコマースが浸透し始めています。経済産業省が「我が国におけるデータ駆動型社会に係る基盤整備」（※）で、ライブコマースに言及していて、「EC（電子商取引）業界内で着実に根付き始めている」とうれしい分析をしてくれています。その証拠に、ネット通販モールの大手楽天は、2019年5月

からライブ動画配信サービス「Rakuten LIVE（楽天ライブ）」の提供を開始したのですが、そのウリの1つがライブコマース機能です。

※「我が国におけるデータ駆動型社会に係る基盤整備」（https://www.meti.go.jp/press/2019/05/20190516002/20190516002-1.pdf）

最近では17LIVEもライブコマースに参入しました。ライブコマースの難しい点について17Media Japanの小野さんは次のように説明します。

小野　いくつか要因はあると思うのです。ライブコマースが難しいのは、まず「売る人」「売るモノ」「買う人」の3つをそろえないといけないこと。ライブ配信だと、配信する人と見る人の2つの要素で成り立つのですが、ライブコマースはそこに「モノ」が入るので、やはり難易度は高くなる。その3つをしっかりそろえて日本で展開しているライブコマースの会社はまだ存在しておらず、仕上がりに時間がかかっているのだと思います。

※2019年12月3日公開の記事から引用・再構成

確かにライブコマースの仕組みが整っても、売るモノがなければできません。やはりメーカーさんに「ライブコマースで売ってみたい！」と思っていただけるのがベストですね。

ところで、皆さんは「Ｄ２Ｃ（ダイレクト・トゥ・コンシューマー）」という言葉をご存じでしょうか？　名前の通りお客さんに直接商品を売る新興ブランドのことです。売るのも集客もすべてネットで行うことが多いようです。私のユアンジュもＤ２Ｃブランドと言えます。最近はこうしたＤ２Ｃが簡単にオンラインショップを作れるサービスがあって、その１つに「ＢＡＳＥ（ベイス）」があります。新しい地図の香取慎吾さんを起用したテレビＣＭも話題でしたよね。

BASE 執行役員の神宮司誠仁さん（左）と
「COHINA」ディレクターの田中絢子さん（右）

知名度もない規模も小さいD2Cブランドにとっては、ライブコマースで商品をうまく紹介することが購入のきっかけを作るのに有効です。BASEの執行役員・神宮司誠仁さんはライブコマースの将来について次のように語っています。

神宮司　以前のライブ配信（ライブコマース）は、テレビ番組みたいに力を入れてキチッと作り込む人たちが中心でした。今後は「コミュニケーションを続けるために長期的に行う必要がある」ということにみんなが気づけば、少しずつ（ライブコマースが）伸びていくのではないでしょうか。ゲストに芸能人やインフルエンサーを呼んで単発で盛り上げるのではなく、じっくり取り組むスタイルが浸透してほしいと思います。

※2019年12月20日公開の記事から引用・再構成

身長が155センチ以下の小柄な女性をターゲットにしたファッションブランド「COHINA（コヒナ）」を展開するディレクターの田中絢子さんも、D2Cブランドにとってのライブ配信やライブコマースのメリットについて次のように話しています。

ゆうこす　それでも店頭に立って1対1で接客することを考えるとすごく効率いいですよね。

田中　まさにおっしゃる通りです。私たちは数人しかいないのに数千人の視聴者に同時に発信できるのはネットならではだと思います。確かに最初は3人かもしれません。もちろんいきなりコンバージョン（購入）にはつながりませんが、成長すれば強力なツールになります。

個人的には、最低3カ月は続けてみるべきだと思います。そこまで続けると「この人はインスタライブを定期的にやっているな」とか「細かい有益な情報を教えてくれるな」と感じる人が増えて認知度も上がっていきます。そこからがスタートではないでしょうか。企業なら台本や機材調達など考えることもたくさんあると思いますが、配信自体はスマホ1台あればできます。

※2019年12月20日公開の記事から引用・再構成

「ヴァーチャル」「スタジオ」「5G」に注目

ここまで読んで、「ライブ配信来てる！」と思った方に、さらに最新情報をいくつかお知らせします！　まずは、ライバーのバーチャル化です。バーチャルライバー（ＶｰＬｉｖｅｒ）になれば、自分が好きなキャラを簡単に演じられます。

すでに２０１８年の８月からライバーのバーチャル化機能を搭載しているライブ配信アプリもあります。本格的なゲーム実況ではなく「ゲームのおともに」がキャッチフレーズの「Ｍｉｒｒａｔｉｖ（ミラティブ）」というアプリです。Ｍｉｒｒａｔｉｖの特徴の1つが、「エモモ」と呼ぶ自分のアバターを作成して、ライブ配信ができる機能です。この機能について、ミラティブのＣＥＯの赤川隼一さんは次のように話してくれました。なかなか好評のようですね。

ミラティブ CEO の赤川隼一さん

赤川　かなり使われていまして、１００万人以上がアバター配信をしています。配信者はほぼみんなアバターを持っている状態ですね。

Ｍｉｒｒａｔｉｖのユーザーは、自分がバーチャルライバーだと思っていませんが、当たり前のようにアバターを着用して、音声やフェイストラッキングなどでアバターと連動して動きながら視聴者とコミュニケーションを取っています。実はＭｉｒｒａｔｉｖは、世界最大のバーチャル配信のコミュニティーでもあるんです。ちなみにバーチャルユーチューバーは、今かなり増えていますが、それでも日本に１万人くらいしかいないといわれています。

※２０１９年12月27日公開の記事から引用・再構成

Ｍｉｒｒａｔｉｖ以外にも17ＬＩＶＥでは、Ｖｔｕｂｅｒ（ヴィチューバー）の支援サービス「Ｖカツ」と連携して、手軽にＶ－Ｌｉｖｅｒになれるアバターアプリを用意しています。

続いての最新情報は、リアルなお店がライブ配信用のスタジオを設置しているケースが増えてきそうということです。ＳＨＩＢＵＹＡ１０９渋谷には、ライブ配信スタジオ「ハチスタ」があります。化粧品などのクチコミサイトとして有名な「＠ｃｏｓｍｅ（アットコスメ）」を運営するアイスタイルは、リアル店舗も運営していますが、原宿駅前の旗艦店「＠ｃｏｓｍｅ ＴＯＫＹＯ」にライブ配信スタジオを設置しました。これまで、ライブ配信は自宅などを使っているケースがほとんどでしたが、こうしたスタジオで配信すれば映像のクオリティーがグンと上がりそうです。

SHIBUYA109 渋谷に開設された
ライブ配信スタジオ「ハチスタ」
©LIVE TV ハチスタ

「リアル店舗なのにネットでライブ配信する意味はあるの？」と思った人もいるでしょう。そこは、誘導効果が期待できます。コーディネートやメイクが人気のカリスマ店員がライブ配信すれば、通販サイトへの誘導だけでなく、「アナタから買いたい！」というお客さんが店舗を訪れることもあります。とはいえ、現在は新型コロナの影響でリアルな店舗を訪れることに抵抗感がある方も多いと思います。そんなときでも、ライブ配信で人気のカリスマ店員とコミュニケーションが取れたら、思わず買ってしまいますよね。これからはリアル店舗でもライブ配信の活用は必須のスキルになるはずです。

原宿の「@cosme TOKYO」にも
ライブ配信スタジオが開設

そんな中、２０２０年3月には、ＮＴＴドコモ、ＫＤＤＩ（ａｕ）、ソフトバンクが次世代通信規格５Ｇの商用サービスを始めました。通信が高速にそして大容量になって、これからさまざまな５Ｇ対応のコンテンツが登場すると思いますが、自動運転や遠隔医療といった先進的な５Ｇサービスを実際に私たちが利用できるのは、まだまだ先の話。いざ５Ｇが始まったからと言って、今の段階では大きな違いを実感しづらいというのが現状です。しかし私は、ライブ配信こそ５Ｇの恩恵をいち早く受けられるのではないかと思っています。

技術的なことについて私はほとんど分からないので、詳しく説明することはできないのですが、５Ｇでは一般的に通信が高速・大容量になるので、ライブ配信の画質と音質がかなり向上すると言われています。音質が向上すれば、アーティストを目指しているライバーは自分の真の実力をファンに伝えることができるので有利になります。この変化はかなり大きいですし、もしそうなればうれしいですよね！

それから５Ｇでは、高速・大容量に加えて、遅延が少なくなるのが特徴と言われていますよね。現在の5Gはまだ低遅延が完全には実装されていないのですが、遅延が少なくなればライブ配信をしても「時差」を感じることがほぼなくなるはずです。時差があると、コメントが遅れてきたりするので、タイミング良く視聴者に返事をすることができなくなるなど、ライバーとして困ってしまうことも多いのです。最近はライブ配信でカラオケや楽器の演奏を披露することもありますが、遅延がなくなったら曲のリズムに合わせて視聴者が手拍子のサインを送るなど、より本当のライブに近い楽しみ方が生まれると思います。

実は5Gの登場で一番ありがたいのは、5G時代ではパケットが使い放題のプランが広がると言われていることです。ネット動画というと、パケットを気にしてなかなか外出中に視聴しない人もいます。「動画は家のWi‐Fiでしか見ないぞ」という具合に……。とすれば、ライブ配信は時間が決められているので、そのときに外出中だったらファンでも視聴を躊躇してしまう。しかし、パケットが使い放題であれば、どこにいてもスマホから見てくれるようになるわけです。

まとめるとライブ配信は、5Gの恩恵をすぐに実感できるコンテンツなのです。5G

が浸透すれば今よりもずっとたくさんの人がライブ配信を始めるのは間違いありません。今からライブ配信をずっと続けていれば、絶対に先行者として利益を得られると強く思います。

ここまで私が考えるライブ配信の基本と、その最新動向をお伝えしました。今回、まとめてみて、改めてライブ配信に未来を感じています。ライブ配信アプリを提供する事業者が増え、5Gも始まるので、本当にこれからが楽しみです！

第2章

多彩なアプリ
あなたに合うのは？

3分類ですっきり整理、アプリごとの強みはココ

ここでは、ライブ配信アプリについて、その特徴を整理したいと思います。比較的最近になって注目されるようになったライブ配信アプリですが、すでにその数は主なものだけでも10を超えています。

私はライブ配信アプリを以下の3つに大きく分類しています。

・ギフティング型
・SNS追加型
・ECモール型

さっそく解説していきましょう。3つの分類の違いを説明しながら、それぞれの分類に当てはまるアプリの特徴や私自身がどんな使い方をしてきたのかも併せて紹介します。

ギフティング型――「報酬1000万超」や「時間制」も

ギフティング型は、現在のライブ配信ブームをけん引する存在です。主なアプリは次の通りです。

・17LIVE（イチナナ）
・SHOWROOM
・ツイキャス
・Pococha
・ミクチャ（MIXCHANNEL）
・Mirrativ
・LINE LIVE

ギフティング型の魅力は、ライバーが視聴者と純粋にコミュニケーションを楽しめる場に加えて、視聴者から直接報酬を獲得する仕組みを提供していることです。第1章で説明した通り、各アプリは課金アイテムを用意しており、視聴者はその課金アイテムを購入し、そのアイテムをライバーにギフティングできます。獲得した課金アイテムの額に応じてライバーは報酬を得ます。報酬の額は人気のライバーになると、家賃や食費が賄えるレベルを超えて、月に1000万円以上になるといいます。

ギフティング型では、ライバーが芸能界などにデビューするきっかけをオーディションといった形で実現している点もポイントです。各アプリの運営会社は、ライバーから見ればお金を稼ぎつつ、夢を叶えることができる素敵な場所を提供しているといえるでしょう。芸能事務所に所属し、アルバイトをしながらオーディションを受け続けるという従来の芸能界デビューとはまったく異なったやり方ですね。そのため有名人とオーディションなどのイベントで一緒に戦えるのもすごいところ。リアルな芸能界ではまずあり得ない状況を実現できているのも大きな魅力の1つです。

実はオーディションでは、無名のライバーが頑張れば頑張るほど視聴者は感動します。自分が応援しているライバーが、自分の手で有名になるのはうれしいものです。ちなみに、私も実際にイベントに参加したことがあるのですが、結果は4位！　ファンも応援に来てくれたので、最初は勝てるはず！　と思っていたのですが、やはり無名でも一生懸命頑張るライバーに応援が集まるのだとこのとき痛感しました。

各アプリの特徴を簡単にまとめてみました。

●17ＬＩＶＥ（イチナナ、運営会社：17 Ｍｅｄｉａ Ｊａｐａｎ）

現在のライブ配信ブームを作り出したアプリです。運営会社である17Ｍｅｄｉａ　Ｊａｐａｎの親会社は台湾のＭ17　Ｅｎｔｅｒｔａｉｎｍｅｎｔで、グローバルにライブ配信を展開しています。日本が一番サービス規模は大きいとのことですが、台湾、日本に加えて２０１８年の末から米国でも事務所が立ち上がっています。全世界合計のユーザー数は、４５００万人（２０２０年３月時点）を超えています。

17ＬＩＶＥの最大の特徴は、ライバーのサポート体制です。

17　Ｍｅｄｉａ　Ｊａｐａｎだけで社員が２００人ほどいます

17LIVE のアプリ画面

が、その半分は「ライバープロデューサー」と呼ばれる、ライバーになりたい人、もしくはライバーとして日々活躍している人をサポートする役割の方だそうです。このサポート体制はありがたいですね。

さらに、全世界で100人を超えるエンジニアを雇用しているそうです。ライブ配信だけでエンジニアを100人抱えている会社は、日本においては他にないと言われています。なので、技術力の差が大きく出るとのこと。特に5G時代は、ライブ配信アプリを提供する事業者の技術力が問われますよね。せっかく速くて、時差が少ない5Gでも、その性能をうまく使いこなせないと宝の持ち腐れになってしまいます。この技術力について17LIVEはかなり自信があるようです。

●SHOWROOM（運営会社：SHOWROOM）

ギフティングという仕組みをいち早く導入し、ライブ配信ブームをけん引する存在です。乃木坂46などの現役アイドルのライブ配信が楽しめることで一躍注目を浴びました。運営会社SHOWROOMの代表の前田さんはベストセラーとなったビジネス書『メモの魔力』（幻冬舎）でも有名ですよね。２０２０年４月時点でアプリのダウンロード数が５００万を突破したそうです。

ＳＨＯＷＲＯＯＭは、ＵＩ／ＵＸ（ユーザーインターフェース／ユーザーエクスペリエンス）もほかのアプリと少し違います。「ルーム」と呼ばれるライバーの仮想ステージを訪れると、視聴者はアバターとして観客になり、コメントをやり取りするんです。まさに「仮想ライブ空間」といえるＵＩ／ＵＸだと思います。

そんなＳＨＯＷＲＯＯＭの魅力は、とにかく夢を応援するためにオーディションやイベントを多数開催していること。芸能界とのつながりもたくさんあります。そして、自分が推すライバーをデビューさせようとする視聴者の応援の熱量がものすごく大きい。実際に夢を叶えたライバーもたくさんいて、例えば、雑誌「ＪＥＬＬＹ」の２０１８年

SHOWROOM のアプリ画面

7月発売号（9月号）の掲載モデルをかけて開催されたオーディションでグランプリに輝いた宮瀬いとさんは、その後「ＪＥＬＬＹ」の専属モデルになりました。

２０１９年11月には電通やニッポン放送など計7社と資本業務提携、併せてディー・エヌ・エーが保有するＳＨＯＷＲＯＯＭの株式の一部譲渡を行い、総額31億円もの資金調達および株式譲渡をしています。この資金をベースに２０１９年12月には新サービスを発表しました。５Ｇ時代を見据えて、スキマ時間でも楽しめるクオリティーの高いプロコンテンツを制作するそうです。前田さんは新サービス発表の場で「6年間ＳＨＯＷＲＯＯＭをやってきて、演者（ライバー）の夢はＴＶや映画に出て活躍するスターのような存在になることだと分かった。そうした夢を受け止められる場を、ＴＶや映画よりも身近なスマートフォンの上に作りたい」と話していました。２０２０年7月には、カルチュア・コンビニエンス・クラブやテレビ朝日ホールディングスなど4社に対して、ＤｅＮＡが保有するＳＨＯＷＲＯＯＭの株式の一部譲渡を発表。これまでの資金調達額および株式譲渡の対価は合わせて総額44億円になりました。

私のSHOWROOM活用術

ＳＨＯＷＲＯＯＭは私が最初に利用したライブ配信アプリです。アイドル活動をやめてからは、Ｔｗｉｔｔｅｒ（ツイッター）しか使っていなかったのですが、講談社が主催するアイドルオーディションの「ミスｉＤ」に応募したこともあり、２０１５年の末から当時のファンや新規のファンに向けて、コミュニケーションを取るために活用しました。そこでは、家の中から雑談する形で配信をしていましたが、ギフティングをしてくれた人に手書きのお手紙を書いて、少しずつコアなファンを獲得していきました。当時はこれで月45万円くらい稼げるようになり、ライブ配信を生活の基盤にする第一歩となったのがＳＨＯＷＲＯＯＭでした。

●ツイキャス（運営会社：モイ）

ツイキャスはライブ配信アプリの老舗です。まだスマホでのライブ配信アプリが普及していなかった２０１０年にｉＰｈｏｎｅアプリとして誕生し、２０２０年2月で10周年を迎えました。２０１４年頃に中高生にツイッターが流行ったのをきっかけに、急速に広まりました。２０２０年4月にユーザー数が２８００万人を突破したそうです。

2018年6月に、課金アイテムのギフティング機能を追加しています。同時に「動画収益（β）」と呼ぶ、ライブ配信アプリでは珍しい収益化の仕組みも始めました。ツイキャスはライブ配信をアーカイブとして残せて、この再生回数に応じて報酬が支払われます。マネタイズについてはユーチューブとライブ配信のいいとこ取りと言えるかもしれません。

私のツイキャス活用術

私はツイキャスを、2つの形で利用しています。まず1つ目が「ラジオ配信」です。本当にコアなファンしか来ない場所をあえて作り、通知をつけていないと気づかないような形で、深夜3～4時ごろに配信をしていました。私がよく利用しているインスタグラム（インスタライブ）では数万人が見ているケースが多いのですが、この場合は多くて300人程度。ですが逆にこれがレア感や特別感を出していて、それがファンにとってうれしいポイントになっているのだと思います。

2つ目が、旅行先でゲットしたアイテムを現地からライブ配信で販売する、タビジョンでの利用です。商品を紹介してコメント欄にＵＲＬを記載し、「そこから購入してください！」というように誘導して商品を販売していました。

ツイキャスはＳＮＳと連動するアプリです。使ってみて分かったのですが、ライブ配信というものを知らないユーザーや、動画をあまり見ないユーザーにアプローチができたと思っています。

●Ｐｏｃｏｃｈａ（運営会社：ディー・エヌ・エー【ＤｅＮＡ】）

２０１７年と後発でスタートしたライブ配信アプリです。「ポコチャ」と読みます。私は３２１というライバーの育成とマネジメントを目的とした事務所を運営していますが、３２１に登録しているライバーが一番注目しているのがＰｏｃｏｃｈａです。その理由は、報酬がライブ配信の時間

Pocochaのアプリ画面

に応じて支払われるからです。

1日5分の配信から2時間半まで、配信時間に応じて必ず一定額の報酬が得られます。321に登録しているライバーさんたちで多いのが、夢を叶えるためにライブ配信でファンを増やして稼ごうと思っても、なかなか収益化できないから結局、別のアルバイトをすることになってしまうというケースです。そんな中で、「最低○○円もらえる」というのはとてもありがたいと思います。2020年4月時点でアプリのダウンロード数は100万を超え、ライバーの数は10万人を突破したそうです。

私のPococha活用術

実はPocochaさんと321は、業務提携をしています。321に登録している多くのライバーがPocochaで配信しています。しかも、321に所属のライバーであれば、ダイヤ（課金アイテム）の還元率は100％です。時間に応じて報酬を得られるので、初心者はまずPocochaを利用するのがお薦めです。

●ミクチャ（MIXCHANNEL、運営会社：Donuts）

若者層に人気の高いアプリがミクチャ（MIXCHANNEL）です。2013年12月に動画共有サイトとしてスタートしました。その時点では10秒ほどの動画を作成・投稿できるサービスで、ツイッターに動画投稿機能がない時代だったこともあり、10代の女性を中心に大きな支持を集めました。2020年4月時点でアカウント数は1500万を超えたそうです。

2016年に入ってライブ配信機能が追加されました。最近はライバ

ミクチャのアプリ画面

ミクチャで人気の
南浦芽依さんのファンクラブ

ーが注目されるイベントやコンテストを月100本ほど企画しているといいます。ほかにも有料のファンクラブがあるので、ライバーにとっては収益の幅が広がりそうです。ライブ配信は熱量が届きやすくてコアなファンも増やせますが、基本的には1対多です。ファンクラブはもう少し閉鎖的な空間でファン同士もコミュニケーションが取れます。そうなるとどんどんコアなファンが生み出せて次のステップにつながるので、メリットは大きいと思います。

●Mirrativ（運営会社：ミラティブ）

コアなゲーマーが自分の腕前を披露するゲーム実況というよりも、ライバーと視聴者のコミュニケーションを重視し、「スマホゲームのおともに」というキャッチフレーズで誰でもスマートフォン1台で簡単・気軽にスマホゲームの実況ができるアプリです。その気軽さから、実際に活動している配信者・ライバーの数では日本一だそうです（ミラティブ社調べ）。課金アイテムのギフティング機能があり、視聴者は配信にギフトを贈ることができ、ライバーは報酬を得ることができます。ユーザー数は1500万人以上、ライバーの数は200万人以上だそうです。

Mirrativがユニークなのは、前述した通り「エモモ」というアバターを使って配信ができることです。カラオケ機能「エモカラ」もあり、こちらもアバターの姿で歌うことが可能。ゲームやカラオケはトークが得意じゃない人でも場が持ちますよね。今後もライブ配信のハードルを下げ、誰でも気軽に配信ができるような機能開発や取り組みを進めていくそうです。

Mirrativのアプリ画面

●LINE LIVE（運営会社：LINE）

「LINE LIVE」は、「何気ない日常トークをはじめ、音楽や歌などのパフォーマンスや声だけによる配信など、時間や場所にとらわれないリアルタイムなコミュニケーションを楽しめる」のがウリだそうです。しかも、毎日開催されているオーディションには、数多くのライバーが参加していて、視聴者はコメントやハート、課金アイテムを送って応援するなど、夢を叶えたいライバーと応援者が一緒に盛り上がれる空間になっているとのことです。ユーザー数は非公開です。

私のLINE LIVE活用術

ＬＩＮＥ ＬＩＶＥさんは、ありがたいことにサービスの立ち上げのときからコンテンツ作りのお話をいただき、活用させてもらっていました。主に新規のファンを獲得するために少し攻めた内容の面白い企画をどんどんやっていたのですが、一番反響があったのは、２０１６年のハロウィンに配信した「ゆうこすを探せ」という企画です。これはロンドンブーツ1号2号の田村淳さんがやっていた、視聴者がコメントで淳さんを動かす「アツシメーカー」に影響を受けたものです。私がウォーリーの格好をしてライブ配信をしながら渋谷の街に繰り出し、「ゆうこすを見つけて『トリック・オア・トリート！』と言ってくれたらお菓子をあげる」というルールで、視聴者がＬＩＮＥ ＬＩＶＥを見ながらゆうこすを探しに渋谷に来るという現象が起こりました。

■ＳＮＳ追加型――マーケティングに魅力の「拡散力」

続いて、ＳＮＳ追加型です。こちらは文字通り、ＳＮＳが備えているライブ配信機能です。現在は主要なＳＮＳであるツイッター、Ｆａｃｅｂｏｏｋ（フェイスブック）、インスタグラムのすべてにライブ配信機能が備わっています。ＳＮＳ追加型の魅力はなんといっても利用者が多いことに尽きます。この結果、ライブ配信を拡散させるならＳＮＳ追加型を使うのがベストです。

ギフティング型のようにオーディションなどライバーの夢を叶える仕組みはほとんどありませんが、一方で企業がマーケティング活動の一環としてライブ配信でファンとのコミュニケーションを深めようとする場合は、すでに運営しているＳＮＳの公式アカウントからライブ配信するのがいいでしょう。また、公式の通販サイトを持っている場合は、ＳＮＳでライブコマースを配信して、実際の購入作業は通販サイトで行ってもらう形にするのも手です。

ＳＮＳ追加型の中での違いは、それぞれのＳＮＳのユーザー層の違いが一番大きいのですが、機能面では1回のライブ配信の時間や、アーカイブとしてライブ配信を残せるか、課金アイテムのギフティング機能の有無などになります。以下、簡単に違いをまとめます。

●ツイッターのライブ配信（運営会社：Twitter）

リツイート機能など、とにかく情報が拡散しやすいのがツイッターの魅力です。1回あたりのライブ配信時間に制限はありません。ライブ配信はアーカイブとして自動で残せます。

ツイッターは、ライブ配信の投稿に一般の投稿と同様にURLが付きます。このURLをツイッターでさらに拡散することも可能です。メルマガなどで紹介することもできるので、ライブ配信の動画をうまく再利用できます。

私のツイッター活用術

SNSにライブ配信機能を追加した形になっており、トップ画面にフォローしているユーザーのライブ配信中の画面が表示されるため、配信をするだけで目立てるというのがうれしいポイント。今はインスタグラム（インスタライブ）が人気であまりツイッターでライブ配信をしている人はいないので、目立つという意味ではとってもお薦めできます！

●Facebook Live（運営会社：Facebook）

1回あたりのライブ配信の時間制限は8時間ですが、スマホからの配信では4時間になります。ライブ配信動画は、終了後に動画をそのまま投稿してシェア、または動画の保存を選択することで残せます。また、ライブ配信で寄付を呼びかけるボタンの追加は、慈善団体を支援する目的に限り使えるそうです。

私のFacebook活用術

私は「ゆうこす」としてはフェイスブックをほとんど使っていないのですが、ビジネスパーソン・菅本裕子としては、知り合いとつながっているケースが多く、また一度会ったことのある仕事関係者とつながるためのツールとして活用しています。その中で、クライアントの企業さんに仕事の裏側を説明するためにライブ配信を行いました。というのも、当時は日本ではライブコマースがあまり活用できていなかったのですが、そんな状況でも私はよくモノを売っているという実績があり、知り合いの経営者の皆さんが興味を持っていたためです、そこで、ユアンジュのライブコマースの舞台裏（どのような機材を用意してどのように話すのかなど）を紹介するライブ配信を行いました。

●Instagram（運営会社：Facebook）

私が一番使っているライブ配信アプリです。1回あたりのライブ配信の制限時間は1時間です。配信後のライブ動画をストーリーズではなく長尺の動画を投稿する機能「IGTV」に保存できるようになったため、24時間が経った後もライブ配信動画を残しておくことができます。自分のライブ配信にゲストを招くことができるコラボ配信機能も話題ですよね。視聴者はライブ配信中にコメントを投稿できますが、課金アイテムのギフティング機能については、米国でテストを開始しているものの、この原稿を書いている時点では国内での対応は未定です。

私のInstagram活用術

「インスタライブ」という言葉が定着するほど、10〜30代の女性にはメジャーなライブ配信アプリです。多くの人がサクッと見てくれる確率が高いと思っています。コアなファンではないライト層も見てくれるので、私は以前は時間を決めて毎日ライブ配信を行い「23時といえばゆうこすのライブ配信だ」という印象を持ってもらえるようにしました。また、アプリを開いたときに、フォローしているユーザーの中からライブ配信をしている人が画面の上に表示されます。なので、ライブ配信をするだけで目立てるというのがとても良いと思います。

●YouTubeライブ（運営会社：Google LLC）

正確にはSNSではないかもしれませんが、ユーチューブにもライブ配信機能があります。1回あたりのライブ配信に時間制限はありません。期間無制限でアーカイブも可能です。視聴者は、ライブ配信中に自分のコメントを強調表示にするために「Super Chat」（スパチャ）という機能を購入できます。これがライバーの報酬になります。同様にスタンプをライブ配信のコメント欄で強調できる機能「Super Stick ers」もあります。また、アーカイブした動画に表示される広告や、有料会員機能「メンバーシップ」による収益化も実装されています。

私のYouTube活用術

私自身、2~3回利用したことがあるのですが、パソコンのインカメラを使って配信する人が多く、エンコーダーでつなぐケースがほとんどなので映像がきれいなのが特徴です。ライブ配信をすると動画としてきちんと残るのも良いところ。最近は、ユーチューブの番組を始めることをライブ配信で告知する芸能人も増えていて、レア感があってとてもいいなと思っています。

■ECモール型――ライブコマースのベースに

最後のECモール型ですが、現時点ではRakuten LIVEが有名です。「au PAY マーケット（au Wowma!）」にも「ライブTV」というライブコマース機能があります。今後もライブコマースが使えるECモールは増えていくと思います。そして何より、今回のコロナ禍で人々の心の中に「オンラインをもっと活用しよう」という機運が高まったのは間違いありません。ライブ配信を見ながらモノを買うというライフスタイルも定着するでしょう。前述した通り、中国では新型コロナが流行している期間中、中国全土の農家がタオバオライブを通じて25万トンの農産物を完売させたのです。こうした流れは国内にも確実に訪れると思います。

Rakuten LIVEのアプリ画面

さて、本章では多彩なアプリの特徴を通して、ライブ配信でできることを紹介してきました。中でもギフティング機能の活用が、モデルやアイドルになるという夢を叶えたいユーザーにとってかなり魅力的であることがお分かりいただけたと思います。同時に、新しいネット動画であるライブ配信を自社の製品・サービスのマーケティングに活用できないか、と考える人も多いはず。企業の人がどうすればライブ配信をマーケティングに生かせるかは、次章で詳しく紹介します。

第3章

マーケティングに活用しましょう！

3層のファン、熱量でツールを使い分けます

ここからは主にビジネスパーソンの皆さんに、ライブ配信を使って自社の製品・サービスのファンをどのようにつくればいいいか、あるいはどうすれば売れるようになるかについてまとめてみたいと思います。なぜライブ配信がマーケティングに効果的に活用できるのかという理由や、ライブ配信で得られるメリットなどを紹介します。

最近はSNSを使ったマーケティングが効果的であることが周知の事実となり、SNSマーケティングという言葉も一般的になりました。SNSマーケティングとは、ツイッターやフェイスブック、LINE、インスタグラムなどのSNSを使ったマーケティング活動のことで、企業のブランドパワーを高め、企業や商品の認知度や好感度アップが期待できると言われています。結果として、消費者に購入動機が生まれるという仕組みで、今や多くの企業がSNSに公式アカウントを持っていますよね。実際に私も、SNSを活用することで好きなことを仕事にし、会社も運営できるようになりました。その過程で得た、SNS活用法の考え方について、まずは簡単に紹介したいと思います。

私はファンをその熱量に応じて階層分けし、使うSNSなどのサービスや投稿する内容を変えています。なぜそんなことを意識しているかというと、各層のファンの居心地が悪くならないようにしているのです。

具体的にはファンを「コアファン」「ライトファン」「新規層」に分けて考えています（下図）。

「新規層」とは、私のことを詳しく知らない人です。ツイッターやインスタグラムで私をフォローしていない、していてもとりあえずといった感じです。つまり私（＝ゆうこす）のために時間もお金もほとんど使ったことがない人のこと。こうした新規層

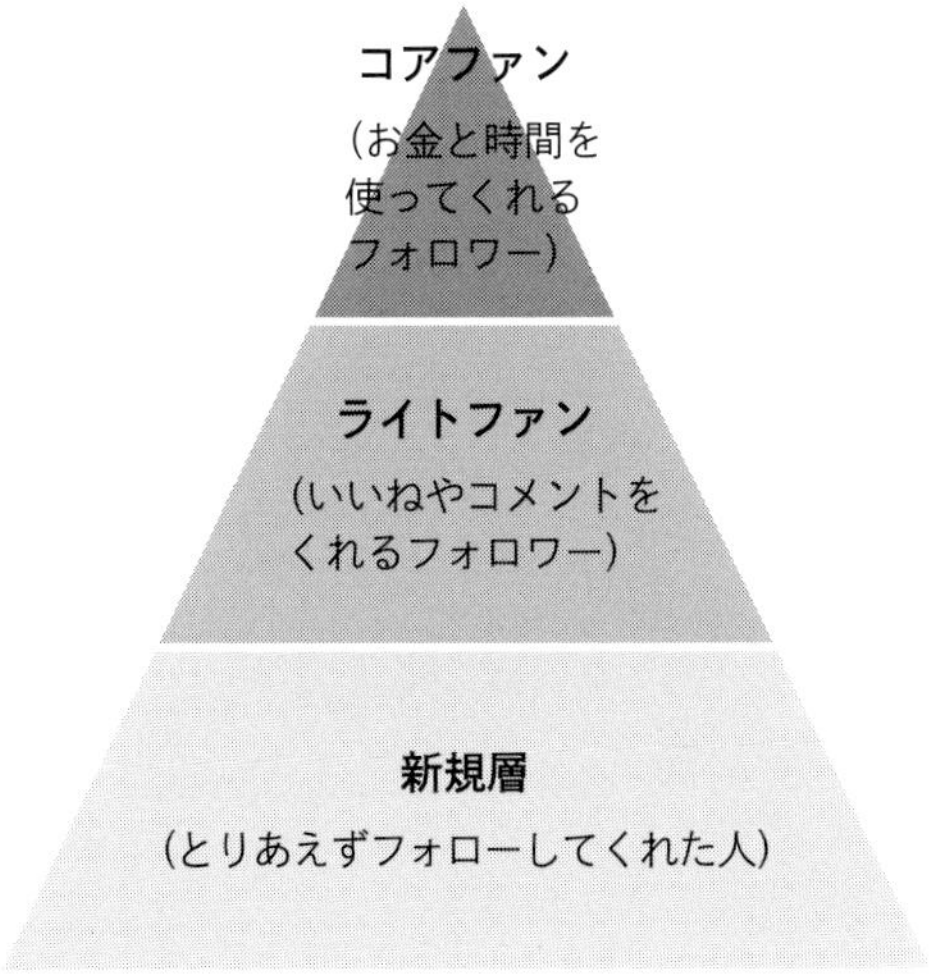

へのアプローチには、ユーチューブを活用しています。なぜなら、ユーチューブはとても拡散に向いているからです。その理由は関連動画にあります。ユーチューブでは目的の動画を見終わった後あるいは途中で、関連動画をタップする人が多いのです。そのため、ものすごく人気の動画の関連動画にうまく表示されると、そこから新しい視聴者（＝新規層）をどんどん連れてきてくれますし、一度でもゆうこすの動画を見てもらえれば、視聴者のトップページにゆうこすの動画が表示されたりもします。

注意したいのは投稿する内容です。基本的にはゆうこすにまだそれほど興味がない人なので、ゆうこすの趣味や恋愛観、日常の出来事などプライベートな内容は避けています。新規層には客観的な「情報」を配信するのがベストで、例えば新作コスメの発売情報などを配信します。

「ライトファン」向けには主にツイッターとインスタグラムを使います。ツイッターとインスタグラムは多くの人が使っているSNSですよね。なので、ライトファンの皆さんがとりあえずゆうこすのアカウントをフォローしやすいと思いますし、ツイッターではリツイート機能などで、投稿も拡散されます。ライトファン向けの投稿内容は情報に加えて、日常の出来事などプライベートな内容も盛り込んだりしています。

最後は「コアファン」。コアファンはゆうこすのために時間もお金も使ってくれる人です。リアルなイベントにも足を運んでくれますし、ゆうこすの広報役になって積極的にゆうこすの情報を拡散してくれます。この層にはブログやライブ配信を使っています。内容もできるだけプライベートなものにして、コアファンとは秘密を共有するイメージで接しています。コスメのライブ配信でも、単純な製品名、価格などの仕様だけでなく、最後のフォトレポートで紹介しますが、個人的なベストコスメや使い心地を中心にしたレビューを配信しています。なお、SNSの活用法は私の著書『共感SNS　丸く尖る発信で仕事を創る』（幻冬舎）に詳しく書きましたので、ご興味がありましたら手に取ってみてください。

2割のコアファンが8割の売り上げを作る！

以上の説明は「ゆうこす」の場合ですが、皆さんの会社の商品・サービスについてもまったく同じことが言えるのではないでしょうか？　ゆうこすを自社の商品・サービスに置き換えてみてください。ファンはやはり大きく3階層に分かれるはずです。そしてライブ配信をマーケティングのツールとして企業が取り入れたほうが良い一番の理由が、コアファンをつくれる、あるいはコアファンの声を直接聞けることにあるのです。

「パレートの法則」というワードを耳にしたことはないでしょうか? マーケティング業界ではよく使われる言葉で、「80対20の法則」などとも言われます。20%のコアファンが売り上げの80%を作るという法則で、これが結構当てはまる事例が多いらしいのです。つまり、企業としてはライブ配信を取り入れることで売り上げの80%を作り出すコアファンを満足させることができたり、本音を聞き出せたりするということ。コアファンの本音をしっかり聞くことができれば、商品・サービスの根本的な価値がブレる心配がなくなり、ブランディングもうまくいきます。

それに、コアファンはSNSなどで積極的に商品・サービスの情報を拡散してくれますし、友人・知人に直接推奨してくれます。今、おいしい料理やお薦めの商品などを探すときは、検索するよりも、自分が信頼する人からの口コミが力を持つ時代になっています。この結果、コアファンが新しいファンを連れて来てくれる、といううれしい現象も起こるのです。

だから「自然な本音」を聞きやすいのです

コアファンの本音を聞くのにライブ配信が有効なのは、コメントがしやすいことが大きな理由として挙げられます。「本当なの？」と驚く方もいるかもしれませんが、私の経験上、ほかのSNSでコメントするよりも、ライブ配信でコメントするほうがハードルは低いです。特にこの傾向は、10～20代の若者に顕著です。

10～20代はミクシィなど「同好の士」がつながる「コミュニティー」タイプのSNSを使った経験があまりなく、ツイッターやインスタグラムなどのフォロワーはいるものの「個人対全世界」タイプのSNSを使っています。そのため、自分自身をブランディングする力が試されます。つまり投稿やコメントに「キャラ立ち」が求められるので、オリジナリティーを出す必要があるのですが、無理してリアルな自分と違うキャラを演じようと思っても、友人や家族など周りの目を気にして、これもできない。

「クラスではすごく地味なキャラなんだけど、芸能人に元気なコメントを送ったら、それを見た友だちはどう思うだろう」などと考えてしまうのです。でもこれは、若い世代に限らず、どの年代の方々も気にされることだと思います。実はアイドルが好きだけど、上司にSNSアカウントをフォローされたら、「〇〇ちゃんおはよう」とかコメントしづらいな、とか。そうすると、結局無理してSNS疲れを起こしてしまいます。しかも、ツイッターやインスタグラムでコメントすると、それが残ったままになりますし、返信がなければちょっと恥ずかしい気持ちになりますよね。

でもライブ配信では、そのライバーのコアファンが集まっているのでコミュニティーがつくられます。なので、コメントをする心理的なハードルが下がるのです。また、ライバーは1つひとつのコメントをしっかりと見ています。コメントがあると、たいていの場合はリアクションしてもらえます。繰り返しになりますが、これが本当にうれしいことで、どんどんコアファンになってしまうわけです。仮にスルーされてもコメントは流れて画面から消えていくので、SNSと違って恥ずかしさがなく、気が楽です。

ライバー側から見ても、ファンに直接質問を投げられるので、ツイッターなどで質問を投げるよりもコメント率が上がります。あくまで私の感覚ですが、ツイッターなどのSNSで質問するよりも、10倍くらいコメントがもらえます。つまり、企業がマーケティング活動の一環としてライブ配信を取り入れれば、コアファンの意見がたくさん聞けることになります。何百万円も使って外部の調査会社にアンケートを依頼するよりも有益な情報が得られることもあるはずです。

テレビを見ない若者層にリーチできます

マーケティング目線でいえば、若者層にリーチできる点も大きいです。「自社の製品・サービスを若者にアピールしたくても、どこでアピールしたらいいか分からない！」と嘆いている企業さんも多いと聞きます。若者層はテレビを見ないと言われているので、テレビCMではプロモーションがうまくいかないことが増えているそうです。

総務省の「平成30年度情報通信メディアの利用時間と情報行動に関する調査報告書」(※)によると、「ライブ配信型の動画共有サービス」は、「10代や20代の若年層の利用率が引き続き高い」とされ、10代の利用率は24・5％から31・9％に増加しているそうです。この調査はライブ配信の例としてニコニコ生放送を入れているので、この本で解説しているライブ配信とは少し違うかもしれませんが、ライブ配信のアプリやサービスには若者がたくさん登録しているのは事実です。

※平成30年度情報通信メディアの利用時間と情報行動に関する調査報告書（https://www.soumu.go.jp/main_content/000644168.pdf）

ＳＨＯＷＲＯＯＭは、サービス開始当初は女性アイドルがライバーとして目立っていたため40～50代男性の視聴者が多かったそうですが、代表の前田さんによると、最近は25～34歳の男女がメインになっているようです。この層は今後消費の中心を担う世代なのでマーケターとしても見逃せないですよね。

前田　男女比がもともとの8対2から7対3や6対4に向かっていて、視聴者も40～50代が多かったけど、年齢は若くなりました。最近は25～34歳がメインですね。登録配信者もやはり女性が多い。でも、最近は雑誌ジュノンの男性モデルや吉本興業の男性配信者など、男性の配信者も増えてきています。
※２０２０年１月６日公開の記事から引用・再構成

17ＬＩＶＥは10〜60代の幅広い世代が視聴や配信をしているとのこと。ＬＩＮＥ ＬＩＶＥではイベントと呼ばれるオーディションが多数開催されており、これを通じて若者層へプロモーションが可能だそうです。

Ｄ２Ｃブランドの成功事例を紹介！

「ライブ配信がマーケティングのツールとして有効なのは分かったけど、成功事例はないの？」という方もいるでしょう。まさに「論より証拠」というわけですね。実はＤ２Ｃブランドを中心に成功事例がいくつかあります！　いくつか紹介したいと思います。

最初は手前味噌ですみませんが、私がプロデュースするスキンケアブランド、ユアンジュです。

ユアンジュでは2つのフェーズでライブ配信を活用しています。1つは約2年もかかった開発のフェーズです。インスタグラムのライブ配信を使って、ブランドコンセプトや配合する成分などの意見を聞きました。さらに、ボトルのデザインやパッケージについても視聴者の意見をライブ配信で募集しました。実は私は純粋に困ったことを視聴者に聞いていたのですが、結果として、視聴者が一緒に開発することになったので、発売前からユアンジュのファンをつくることに成功しました。ファンが増えていく感覚は本当に心強かったです。ユアンジュはすべて自己資金で始めたため、「売れなかったどうしよう」という恐怖が常につきまとっていたので、本当にありがたかったです。

2つめのフェーズが販売、ライブコマースです。販売は公式サイトで行うのですが、ライブコマースはインスタグラムで実施しています。つまり、視聴者はインスタグラムでライブコマースを視聴して、実際の購入・決済は公式サイトで行うという形にしました。開発のフェーズで使っていたインスタグラムでライブコマースをするのが、ファンにとってもうれしいだろうと思ったからです。まったく別の場所でライブコマースをして、気がつかなかったファンがいたら悲しいですもんね。さらに、ライブコマースでは販売開始のカウントダウンをファンと一緒にやります。これが記念日というか、この一瞬をファンと共有できているというライブ配信特有の昂揚感があります。

販売を開始すると、一瞬ですがライブ配信の視聴者が減ります。これは、視聴者が公式サイトにユアンジュを買いに行ったため。しばらくすると、「買ったよー！」といったコメントとともに視聴者が帰ってきます。この瞬間もうれしくて「ありがと〜‼」と言いたくなります！　おかげさまで、ユアンジュのスキンケアコスメは入荷するたびに完売が続きました。最近になってようやく生産が追いついてきたので、ポップアップショップなども展開しています。実は、渋谷スクランブルスクエアのオープン時にもポップアップショップを出店しました。たくさんの一流ブランドに混じって、自分のブランドが並んでいるのは本当に感動しました。

COHINAが育てた「つながりたいファン」とは

続いての事例は、小さなサイズ専門のアパレルブランドCOHINA（コヒナ）さんです。インスタグラムのライブ配信を活用することで、創業から約1年半で月商が50

00万円に達するほど成長したそうです。COHINAのサイトを見ると、サイズ表記は通常のアパレルブランドと同じXS、Sという表記です。しかし、丈やパターンを見直し、直しなしでも小柄の女性にぴったり合うデザインになっているそうです。商品ページでは洋服を着ているモデルの身長を明記することで、顧客がサイズ感などを判断しやすいようになっています。

COHINAは創業当時からSNSを活用していましたが、実は最初の商品を売り出す2カ月前からインスタグラムのアカウントを作って、情報発信を始めています。商品をプロモーションする目的というよりは、小柄の女性がファッションを楽しむための情報発信基地を目指したそうです。これでCOHINAも発売前からファンを獲得していったのでしょう。ディレクターの田中さんは次のように話します。

田中　最初はずっとインスタグラムで情報を発信していました。COHINAは、インスタと口コミで広がったと思っています。ブランドを立ち上げたばかりで商品がない時期から、アカウントだけは作っていました。スタッフが「今日の私服」などと題して、「ユニクロのあのアイテムのSサイズはぴったりだった」など、小柄な女性が気になる情報をひたすらアップしていましたね。そのうち、「COHINAの服が似合うかは分からないけど、小柄な自分に有益な情報を発信してくれるアカウント」と感じてくれた人が徐々に集まってくれるようになりました。「COHINA」というブランドそのものではなく、「小柄と自覚している女性が集まるプラットフォーム」にインスタはなっていたと思います。

※2019年12月19日公開の記事から引用・再構成

COHINAもインスタグラムでライブ配信

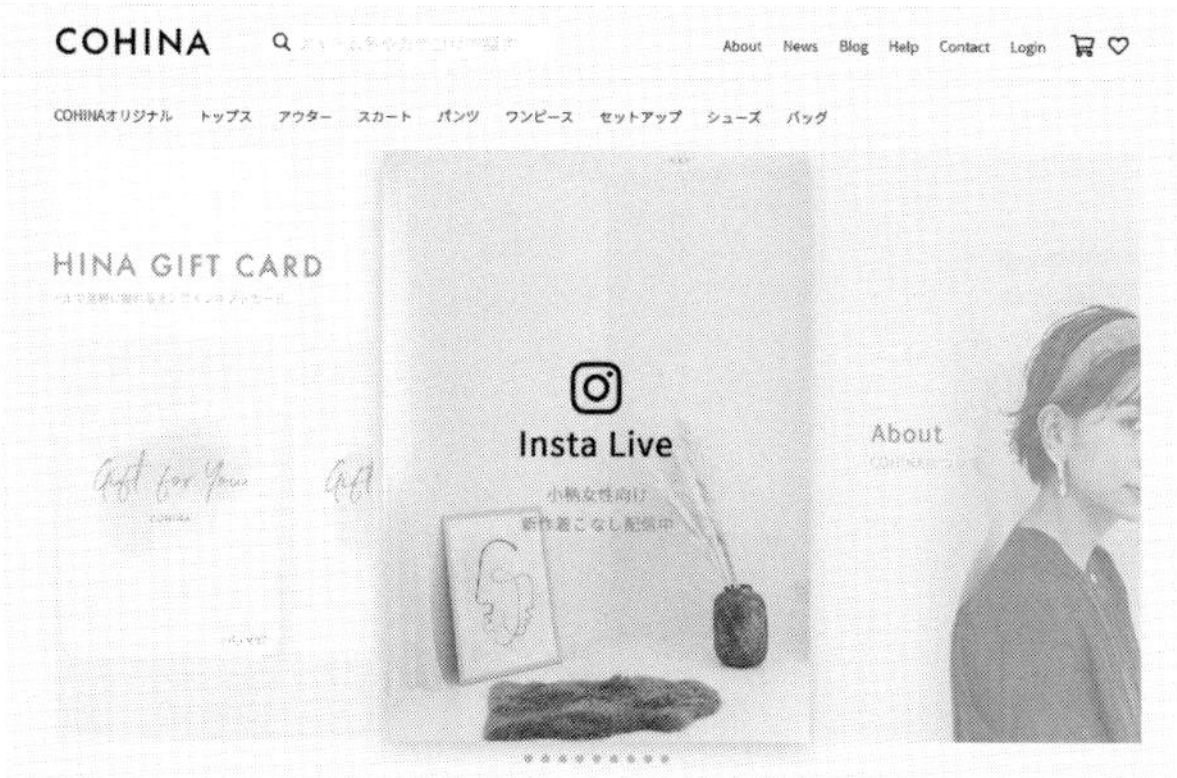

小さなサイズ専門のアパレルブランド「COHINA」

をほぼ毎日実施しています。商品の紹介はもちろんですが、新商品の生地候補を並べて、フォロワーから直接意見を聞いて商品作りに生かしたりしているそうです。時にはポケットの有無、デザインと機能性のどちらを優先するのか、なども直接聞いているとのこと。ファンが求める商品に、より近づけるためにライブ配信を活用しています。ディレクターの田中さんはライブコマースを成功に導く秘訣を「基本的には辛抱強くやり続けるしかない」と話します。

ほかにも事例はコスメを中心にいくつかあります。例えば、オーガニック・国産原料にこだわったスキンケア商品などを販売する「THREE（スリー）」は、購入した方に向けて、コスメの使い方などを紹介するライブ配信を実施しています。美容誌「VOCE」は、プロのヘアメイクを招いてインスタグラムやユーチューブでライブ配信をしています。

成功事例に共通しているのは、製品・サービスを単純に売っているのではなく、その製品・サービスが生まれた背景などを視聴者にしっかり伝えていること。しかも背景が視聴者の悩みを解決していることも大切です。そして、製品の開発でも視聴者を参加させることを意識している。こうしてコアファンができるとどんな現象が起こるか、COHINAの田中さんのコメントです。

田中　ライブ配信に来てくれる人は「つながりたい」という気持ちが想像以上に強いと思います。例えば、お客さまが私たちも知らないところで非公式のLINEグループを作って、COHINAの製品を実際に着てみた感想などをシェアしています。また、オフ会を開催するなど定期的に集まって疑問や悩みをお客さま同士で解消しているみたいですね。

※2019年12月19日公開の記事から引用・再構成

フォロワー100人でスタートOK！

ここまで、ライブ配信がマーケティングに効く理由を説明してきましたが、なぜ企業がライブ配信を取り入れたほうがいいのかについては、もう1つ大きな理由があります。それは「その道で最初に始めた者が最も強いから」です。読者の中には、成功事例が女性向けのコスメやアパレルばかりと思った方もいるでしょう。正直ベースで言わせていただくと、コスメやアパレル以外の分野ではライブ配信の活用事例はあまりありません。だからこそ今がチャンスなのです！　すでに書いたようにSNSやライブ配信アプリなど、ライブを配信する環境は整っています。なのに、ライブ配信に取り組む企業がほとんどいないのが現状です。

すでに多くの企業が、公式なツイッターやインスタグラムのアカウントを持っている中、そうした公式チャンネルを通じてぜひともライブ配信に挑戦してほしいと思っています！　しかも、インスタグラムならライブ配信中は、インスタグラムアプリを開いたフォロワーの画面の一番上にライブしていることが告知されます。つまり、すぐに目に飛び込んでくるので、誰もが目にするチャンスがあるということ。こんなおいしいことはありません！

また時々「フォロワーが少ないのにライブ配信をやっても意味がないのでは？」と質

問されることがあります。私の答えは「フォロワーが１００人いたらやってみましょう」です。繰り返しになりますが、ライブ配信によってコアファンをつくる第一歩を踏み出せばよいのです。ライブ配信で名物企画などが作れたら、それだけで勝ち組になれます。とにかく恐れずライブ配信を始めてみてください！

新規開拓には「10分」「イベント配信」で

ここまで説明した通り、ライブ配信はコアファン向けが基本ですが、ライトファンや新規層の獲得にまったく使えないかというと、そうではありません。

ライトファンや新規層に向けてライブ配信を実施するなら、事前に配信の開始時間や内容をしっかりと告知をするのがポイント。配信する時間は10分前後がいいと思います。BGMやテンポなどを意識してうまく作り込めればベスト。ちょっとしたテレビ番組感覚ですね。それから、自社のイベントを配信する手もあります。花王は２０１９年に洗濯洗剤「アタック」をリニューアルしました。新商品「アタックZERO」のテレビCMは、イケメン５人を起用するというとても洗剤のテレビCMとは思えないものだったことから、かなりインパクトがあったと思います。

このテレビCMの発表会は、ツイッターでライブ配信されました。このときは約10万人が視聴したそうです。これをきっかけにアタックZEROに関する投稿が増え、アタックZEROのツイッターアカウントはフォロワーが10万人を突破しました。企業のアカウントではなく、洗濯洗剤のブランドのアカウントが10万を超えるのはすごいことですよね。

「SNS追加型」を使いこなしましょう

自社でライブ配信をしてみようと思ったら、各アプリの特徴をしっかり押さえておくことが重要です。第2章で説明した通り、アプリは大きく「ギフティング型」「SNS追加型」「ECモール型」に分かれますが、企業が「中の人」を使ってライブ配信するならSNS追加型が中心になるでしょう。

SNS追加型は、すでに自社のSNS公式アカウントを持っていれば、すぐに始められます。しかもSNS追加型は万能です。ライブ配信の内容もコアファン向けだけでなくライトファン・新規層にも対応できます。また、SNS追加型では、ライブ配信の動画をアーカイブとして残せるものが多いです。自社のメルマガやウェブサイトに掲載して再利用できます。

SNS追加型はライブコマースにも使えます。ライブコマースはSNSで行い、それを見た視聴者が自社の販売サイトで実際の購入作業をします。繰り返しになりますが、私のユアンジュもインスタグラムでライブコマースを実施して、実際の購入は公式サイトで、という流れになっています。

ライブコマースの利点は、商品の良さをうまく伝えられること。コメントで購入者の不安が分かるので、それを解消しながら商品の特徴を伝えることができます。前述したようにコスメやアパレルでライブコマースの成功例が多いのは、サイズ感や色味などが通常のネット販売では分からないことが1つの理由。ネット通販とリアルな店舗での販売のちょうど中間、いいとこ取りができるのがライブコマースです。

リアルな店舗と同じように購入者に「ありがとうございます！」と感謝を伝えられる点も良いところ。また、私は商品の売れ行きを見ながらライブ配信しているのですが、売れ残りがないように、うまく視聴者の背中を押すようにしています。売れ行きの数字を見ながらバランス良く魅力を伝えれば、在庫も抱えなくて済みます。ただし、十分に商品の良さを伝えられないと売れ行きが悪いこともあるので、売り方には工夫が必要になってきます。そこは、ライバーの腕の見せどころですね！

私は、企業の皆さんにはぜひ新商品の発売のタイミングでライブ配信をやってほしいと思っています。テレビCMなどでは得ることができない、リアルタイムでのファンからのフィードバックは何より魅力ですし、それを積み重ねることで、次第にマーケティング的な思考が身についてくるはずです。特に普段、購入者と話すことがない開発者であれば、次の商品開発に生かせますよね。最近はクラウドファンディングがブームですが、クラウドファンディングの商品などはライブコマースで魅力を語ったほうが、絶対に話題になると思います！

第4章

人気ライバーになるには？ 育てるには？

この章では、自身がライバーになってライブ配信をしたい人に向けてライブ配信のノウハウを伝授します。前半は主に自分の夢を叶えたり、お金を稼いだりしたいという個人に向けて、後半では企業でライブ配信を使って製品・サービスの認知や売り上げを拡大するライブ配信版「中の人」に読んでいただきたい内容をまとめました。

「愛」を伝える「共感」が「好感」を生む!

これまでライブ配信は、コアファンに効果的だと説明してきました。とはいえ「コアファン向けのコンテンツを作れと言われても、一体どんな内容がいいのか?」という人も多いですよね。コアファン向けのコンテンツを考えるうえでブレないようにするノウハウをいくつか紹介したいと思います。ネット動画制作で実績のあるワンメディア(ONE MEDIA)代表の明石ガクトさんは動画のコンテンツについて次のように分類しているそうです。そして「愛」(=ライバーの熱量)が一番伝わるのは「コミュニケーション」だと話してくれました。コミュニケーション! まさにライブ配信が一番得意とするところですね。

明石　そうだなあ。一口にコンテンツと言っても、細かく分類すると、「インフォメーションとしてのコンテンツ」と、「コミュニケーションとしてのコンテンツ」、「IP（著作物などの知的財産）としてのコンテンツ」と3つの役割に分けられるんですよ。例えば天気予報って、今のインフォメーションとコミュニケーション、IPで言うとどれに当てはまると思いますか？

ゆうこす　インフォメーション！

明石　そう。だけどその天気予報に、すごい愛情を入れるのはちょっと違うじゃないですか（笑）。

ゆうこす　そんな天気予報を想像すると、怖い怖い（笑）。

明石　（中略）ゆうこすさんで言うと、例えばユーチューブとライブ配信でファンとやり取りをしていると思うんですが、これはインフォメーション、コミュニケーション、IPのどれになると思いますか?

ゆうこす　コミュニケーションです。

明石　正解。コミュニケーションは一番愛が伝わりやすいと言えます。ただ、ユーチューブのチャンネルがあったり、いろんな方法で動画を配信していたとしても、インフォメーション、コミュニケーション、IP、どの目的があるのか企業や人によって違います。従って、すごく愛が伝わる、気持ちが伝わるというのは、すべてにおいてベストではないんですね。

僕らは普段いろんな会社から、「こういうのを動画でやるとどういう感じになりますかね?」って相談されます。「発注してくれよ!」って思うんですけど(笑)。そういうときに今

ワンメディア代表の明石ガクトさん

の3つの軸で整理することが多くて、本だったり雑誌だったり、もともと依頼主が持っているコンテンツが、そもそも元はインフォメーション、コミュニケーション、IPのどれなのかを明確にするよう心がけています。動画を作るときは、そこの整理を事前にしておいて、「この動画は何の役割を果たすのか」を考えて作ることが重要だと思います。

※2019年5月23日公開の記事から引用・再構成

ライブ配信はコアファンとのコミュニケーションがそもそもの狙いですから、最も愛が伝わります。その仕組みとしてコメント機能もあります。では、どうすればコアなファンに一番愛を伝えられるかというと、「共感」が必要になってきます。

この点について、ａｕの「三太郎シリーズ」など数々の有名ＣＭを手掛けてきたクリエイティブディレクターの篠原誠さんによれば、愛を伝えるには「共感」が不可欠で、「共感」が「好感」を生み、そしてファンが生まれるそうです。

篠原　15秒や30秒と尺が短い映像とはいえ、視聴者の多くは、CMをテレビ番組本編の間に挟まっている邪魔なモノだと思っています。ユーチューブのように能動的に見に来ている人たちはほとんどいません。そこで大切にしているのが「共感」です。

例えば、自分の好きな人が「今日という日は今日しかないんだよ」と言ったら、「ああ、なんか良いこと言うなあ」と思いますよね。しかし、好きでもなんでもない人が同じことを言うと「そんなの当たり前だよ」となるはずです。好きになってもらってからメッセージを届けると相手に受け入れてもらえやすいんです。だから、早い段階で「好感」を持ってもらうように意識しています。そして好感を生むポイントと

クリエイティブディレクターの篠原誠さん

なるのが、共感です。共感をいかに短い尺の中で生むかが、難しくもあり、楽しいところでもあります。

※2019年10月24日公開の記事から引用・再構成

「家族」のように、「1対1」に全力で

では、共感や好感を生むライバーとは、どんな人物なのでしょうか。Pocochaを運営するDeNAのネットサービス事業本部ソーシャルライブ事業部企画推進部プロダクトオーナーの水田大輔さんは、ファンと家族のようにつながれるライバーが人気と話します。

水田　ファンと家族のように向き合えてコミュニケーションが取れるライバーが人気です。というのも、Pocochaに限らずライブ配信アプリにはファンコミュ

ニティー機能と呼ばれるグループチャットなどができる仕組みが実装されているケースが多い。それはグループやギャング、アジトなど、アプリによって呼び名が違いますが、Ｐｏｃｏｃｈａでは「ファミリー」という表現を使っています。そのファンコミュニティーで、ファンをファンとして扱うのではなく、日々の悩みや目標を含めて、まるで家族のようにきちんと向き合えるライバーさんが人気で、ファンの熱量を上げることができているように思います。

※２０２０年１月23日公開の記事から引用・再構成

Pocochaを運営するDeNAネットサービス事業本部
ソーシャルライブ事業部企画推進部プロダクトオーナー、
水田大輔さん

また、ミクチャでトップライバーとして活躍する南浦芽依さんは、自身の人気の秘密を次のように語っています。

南浦　私は、1年前のコメントを覚えていたりします。他にも「久しぶり～」とコメントしてくる人が、本当に数カ月ぶりの人もいれば、3日ぶりの人もいる。そのように人によって返す言葉を変えたりすれば、「覚えていてくれたんだ」と思ってくれます。それだけでも印象は違います。「記憶力すごいね」と言われますが、私にとっては1対多でも視聴者にとっては1対1なので、1人ひとりに全力で向き合っています。

※2019年12月25日公開の記事から引用・再構成

1人ひとりのファンに対して一生懸命という姿に視聴者が好感を持つのは当たり前ですよね。良くも悪くもライブ配信では表情などに素が出るので「全力」で配信しているかはすぐに伝わります。そのうえで視聴者を覚えていることも大切なポイント。やはり視聴者にとってライバーに覚えてもらっているというのはとてもうれしいことなのです。

ライブ配信でファンであるライバーから名前を呼びかけられたら、さらにファンになってしまいます。

「私は暗記力がないから」という人は、ノートをつけるといいと思います。例えば、ＳＫＥ48の須田亜香里さんは、握手会の会話や内容をノートに書きためて次につなげることで人気を獲得して、総選挙で2位になっています。

ミクチャのトップライバー、南浦芽依さん

アイドルやモデルになりたいという夢を追いかけている人なら、全力や一生懸命という部分をしっかりアピールすることはとても重要です。この点についてＳＨＯＷＲＯＯＭの前田さんは、人気のライバーの特徴について以下のように話します。

前田　本気で夢を追っている配信者を応援するサービスの性質上、そういった優しい視聴者が多く、夢や目標を持って頑張っている人が人気です。トップ配信者になるにはさまざまな工夫や努力が必要ですが、大きく分けて、「熱量が凄い」「客観的視点とセルフプロデュース」「ストーリー性」という3つの要素が重要で、特に熱量が差別化要因になっていると感じます。例えば「なつみかん（東菜摘）」という、SHOWROOM発で最近地上波テレビにも出始めている配信者がいるのですが、彼女は本当に凄まじい熱量をもっていて、それが視聴者にも乗り移って熱いコミュニティーを形作っています。

ゆうこす　私も知っています！　すごくいい子で……。

前田　もう本当に心がピュアなんですよね。他にも、シンガーの「ゆきこhr」は、少し前はライブを開催しても見に来てくれるファンが最高で5人くらいだったそう。今では250人のワンマンライブとかも開催していて、SHOWROOMでの人気もすごくて。ゆきこhrは純粋に歌で生きていきたいって思っていて、それにファンが共鳴しています。

※2020年1月6日公開の記事から引用・再構成

失敗を恐れて、用意された台本を棒読みしたり、台本の通りに進めようとしたりするライバーもいます。しかし、それではそこに「リアリティ」が介在しないため、十分な共感が生まれません。例えば、すごい熱量で「歌手になりたいです！」と言い続けたとしても、それだけでは多くのライバルの間で埋もれてしまうでしょう。そこで必要になるのが、前田さんの言う「ストーリー」です。「私はこういう理由で歌手になりたくて」とか、「そのためにこういうことに挑戦しようと思っているんです」というリアルな言葉があってこそ、コアファンが生まれるのです。

とはいえ、ストーリーを作るのは難しいですよね。前田さんはその解決のヒントを次のように語ります。

前田　確かに、難しいです。これはもはやプロデュースの領域。もし、自分自身がストーリーをあまり持っていないと感じる場合は、ある種虚構の「キャラクター」をしっかり立たせることでも十分に代替できます。有名な歌手でも、本当にその人の人間性をそのまんま反映した人と、全く別のキャラを演じるケースに分かれますよね？　後者を演じきるというのも、一つの手です。
※２０２０年１月６日公開の記事から引用・再構成

虚構のキャラを演じきるというのはとてもいいアイデアです。とはいえ、素の自分が伝わってしまうライブ配信ではとても難しいです。まずは、さまざまなシチュエーションで自分ならどうするか、そんなシミュレーションを重ねることで「自分らしさ」が見えてきます。それがあなたならではのストーリーであり、あなたならではのキャラクターが立ってくるはずです。

また「キャラ立ち」を意識することも大切ですが、そもそも「元気に」配信するのもポイント！　人気のユーチューバーやライバーのほとんどは、とてもエネルギッシュに配信をしています。動画とは不思議なもので、普段過ごしているようなトーンで話すと、元気がなく不機嫌に見えてしまうもの。元気のない不機嫌そうなライバーを見ていると視聴者の気持ちが暗くなって、すぐに離脱していきます。ちょっと引くくらい元気に配信したほうが、多くの人の目に留まる可能性も高くなるかもしれませんね。

「アバター」「声だけ」のアピールもアリ

最近は声だけのライブ配信（ラジオ配信）やアバターを使ったライブ配信が注目されています。これは全力で自分をアピールするというより、「顔を出したりするのは気恥ずかしいけど、自分の得意なことでみんなと楽しみたい」といった人たちのニーズをつかんでいます。ライバーにアバターを提供しているミラティブの赤川さんは、ライブ配信のハードルを下げる工夫を常に考えているそうです。

赤川　実は今、カラオケ配信もできるようになっています。「エモカラ」という機能で、こちらもマイクなど特別な機材を用意する必要がなく、曲を選ぶとカラオケのように演奏が流れて、配信者の歌に合わせてアバターが動くという仕組みになっています。歌がうまいけど顔出しに抵抗のある人ってたくさんいると思うのですが、それを解消したのが「エモカラ」です。

このような「アバター×○○」という広がりはまだまだあると思っていて、積極的に仕掛けていきたいですね。我々がやりたいことは、「誰でも配信できる」とか「誰でもゲーム実況ができる」こと。それって、配信者さんに「武器」を与えているという感覚に近い。

例えば、「カメラの前で1人でしゃべり倒してくれ」とお願いしたとしましょう。それが得意な人もいますが、ほとんどの人が苦手だと思います。でも、ゲームだったらコンテンツが主体なのでたとえ無言に近い状態でも場をつなげられる。それが誰でもライブ配信ができる良い言い訳になっているわけです。

カラオケも歌っていたら配信として成り立ちますよね。つまり、配信者のライブ配信のハードルを下げるゲームやカラオケなどの「武器」を提供することを大事にしようと思っています。そして、Ｍｉｒｒａｔｉｖがあると誰でも誰とでも気軽にコミュニケーションを取ることができる。同じ趣味の人とつながって、自分の毎日の生活が幸せになり、お小遣いを稼げて、やる気のある人はそれだけでご飯が食べていける――、そういう世界観を追求したいですね。

※2019年12月27日公開の記事から引用・再構成

さて、それぞれの「自分らしさ」を生かしてファンを獲得したとして、そこで気を緩めてはいけません。SHOWROOMの前田さんは、以下のようにライバーやインフルエンサーとして人気が出ても、「本当の実力」を身につけないと生き残れないと警鐘を鳴らします。企業の方でもトーク力を磨く、幅広い話題に対応できる、ちょっとした雑談ができるネタをたくさん用意しておくなどの努力は不可欠だと思います。

前田　直近の問題意識の1つが、「地肩」問題。つまり、SNS領域における努力によって身近な存在として「人気」を上げた人が、ある一定のところまで来たら、今度は人気ではなくて、「実力」を上げるための努力に移行せねばならないのですが、それが見えていないケースが多い。自分のファンコミュニティーという守られた宇宙船の中にいると、「船内だから空気を吸えているのかもしれない」という現実を忘れ、船からたまに、宇宙服すら着ずに飛び出していく人がいる。

宇宙服こそ、地肩であり、自分に備わった戦闘力、実力です。芸能界という宇宙で息をするためには、各分野における、卓越した実力が必要です。例えば俳優なら芝居の力がすさまじいし、アーティストだったら当たり前ですが、とても歌がうまい。かつ、声質や見せ方の差別化も効いている。このあたりの地肩がちゃんと備わっていないと、到底、マス化・一般化はし得ないし、大スター領域に到達することは断じてできない。

ライブ配信の一般化、ということを考えたときに、おそらく今一番の課題はそこなのかもしれません。身近を突き詰めて、努力して人気を獲得するフェーズから、次の「本当の実力」の世界に踏み出すところで足踏みしている。100人を対象にエンターテイメントを提供していく、ということなら、全く問題ありませんが、より大きな聴衆を幸せにしたい、と思うのなら、本当は、「自分はこの分野で勝っていく」と決め、徹底的に自分を客観プロデュースし、ユーチューブやインスタグラムなど既存SNSを使いつつも、戦略的にマス露出をしたり、作品を出したりするなどの偶像側のアクションを戦略的に取らねばならない。

※2020年1月9日公開の記事から引用・再構成

これまで何気なくさまざまな人気ライバーを紹介してきましたが、実は「名前」も重要です。ポイントは、「どこかで聞いたことのある言葉（響き）」に「少し違和感のある言葉（響き）」をかけ合わせること。そこに含みを持たせるとさらにに良いです。

私「ゆうこす」もそれに当てはまっている気がします。「ゆうこ」というありがちな名前に、私たちの世代では「りん」を足すのが定番でした。しかし、私の場合は菅本の「す」を加えることで、聴き慣れた言葉に少しの違和感が生まれます。この違和感が自分の名前を印象に残すときに非常に効果的に作用します。また「こす」には「コスプレ」などを連想させ、セクシーさや可愛らしさも付け加えられます。

自分ではあまり付けたくない「ネガティブな言葉」を取り入れる方法もあります。自虐的な要素を含むことで、さらけ出してる感、親しみやすさなどが加わり、何より自分であまり付けたくない名前なので他の人と被りません。

私が運営しているライバー事務所321に「もとかの」ちゃんという人気ライバーがいるのですが、彼女は「はしもとかのん」という本名で、そのままでも可愛らしいのですが、本名の真ん中にある「もとかの」部分を名前にすることで、一気に覚えやすく、親しみやすさや名前の背景にストーリーが見えてきたりしませんか？
「ＨＩＫＡＫＩＮ」さんなんて最高のネーミングですよね！
名前は最も短い自分のプロフィールです。もしこれから名前を決める方は是非戦略的に考えてみて下さい。

最後のポイントが「習慣化」です。

例えば、個人でも企業でも、ライブ配信を毎日続けて、それをみんなに認めてもらえたら、それだけで本当にすごいことだと思います。私もかつて「毎日インスタグラムでライブ配信をしています」というと、「大変じゃない？」「辛くない？」と心配されたり驚かれたりしました。始める前は、毎日の配信は難しいと思っていましたが、習慣化してしまったら意外と簡単にこなせるようになりました。まさに、歯磨きをするような感覚で、ライブ配信をしていました。

ここまで駆け足で人気ライバーになるための方法論を説明してきました。正直なところ並み大抵な努力ではなれません。まとめると次のようになります。

・ライブ配信は一番「愛」（ライバーの熱量）が伝わるコミュニケーションが主体のコンテンツ。なのでコアファンほど見に来てくれるし、コアなファンをつくりやすい。
・愛が伝わるには共感から好感を生む必要がある。共感を生むには視聴者を家族のように扱い、視聴者のことをしっかり覚えていることが大切。
・ライブ配信では素が出るので、夢に向かって全力、一生懸命という姿勢を見せるのが大切だし、なぜその夢を叶えたいのかといったストーリーも大切。
・「顔出し」などがネックになるなら、アバター配信などの活用を。
・ライブ配信で人気が出てきたら、次のステップとして実力をつける努力が重要。
・ライブ配信を習慣化して、日常生活に取り込んでしまう。

「これをすべて自分だけの力でやるの？　そんなの無理だよ……」「自分のキャラとか分からないし、自己プロデュースするなんてハードル高すぎ……」「何から手を付けたらいいのか分からない！」と頭を抱えてしまいたくなる人もいますよね。少し宣伝っぽくなってしまってお恥ずかしいのですが、そんな人たちの不安を解消しようと、ライバーをマネジメントするオーガナイザー事務所「321」を立ち上げたのです。プロデュースはもちろん、マネージャーがつくことによってメンタル面をサポートしてくれたり、自分に向いているイベント・オーディションなどを紹介してもらえたりもするので、売り上げや継続率が上がるケースが多くなっています。このようなライバーをサポートするオーガナイザー事務所は今後も増えてくると思います。自分1人でライバーを続けるのが難しいな、苦しいな、不安だなと感じる人もいると思うので、このような仕組みがあることも頭の片隅に置いておいていただけると、うれしいです。

社内ライバーには「オタク気質」が必要!?

さて、後半は「社内ライバー」にフォーカスを当てていきます！

ライブ配信を自社のマーケティング活動に取り入れてみようと思ったら、誰が配信するかが重要です。ツイッターでは「中の人」という言葉が一般的になりましたが、ライブ配信版「中の人」は誰が一番いいのでしょうか。

私のお薦めは、商品・サービスに一番詳しい人です。そんな社員がライブ配信すれば説得力があって、面白そうだと思いませんか？　例えば、アパレルや家電量販店の店員さんやメーカーの開発者の皆さんです。ライブ配信では視聴者とのコミュニケーションが大切で、質問にしっかり答えて安心させることが重要です。ですから製品・サービスを熟知している必要があるのです。つまり、「オタク気質」のある人です！

実際に、家電量販店で商品について質問すると、目をキラキラさせて早口であれこれと商品を紹介してくれて、その熱意に圧倒されてしまうのですが、「本当にこの商品が好きなんだな」と思えて、その説明を聞くのが楽しくなりませんか？　そして、気がついたら買ってしまっていた、なんて経験をした人もいるのではないでしょうか（笑）。そんな人のライブ配信は、絶対盛り上がると思うのです。

家電に限らず、さまざまな専門店で、商品に詳しい販売スタッフさんが、お客さんが少ないときに暇そうにしているのを見るたびに「あ〜、もったいない！」と思っています。例えば、百貨店などのビューティアドバイザー（ＢＡ）さん。知識があって、テクニックがあって、コミュニケーション力がある。最強のライバー候補だと思います。

メーカーの開発者の皆さんの場合、日頃はお客さんと直接やり取りすることが少ないとすれば、広報担当者やそれこそ有名インフルエンサーに司会を任せて、開発者は視聴者からの質問に答えることに専念する形にすれば、スムーズにライブ配信が始められるはず。商品開発のこだわりや舞台裏は視聴者が知りたいコンテンツですし、そこに魅力的なストーリーがあれば商品のファンになってくれると思います。新商品の発売日などに合わせるとインパクトがありそうなので、ぜひ挑戦してほしいです。

私は以前、ヘアケア製品のＰＲ案件をライブ配信したことがありました。そのときは、ユーチューブで製品の使い方を紹介し、インスタグラムのライブ配信で商品の開発者さんと話しました。その中で、「どういう思いで開発したのですか？」など、視聴者が普段の生活では知ることができないような舞台裏について話してもらったら、ファンがとても喜び、楽しんで視聴してくれました。

ライブ配信の良いところは、自分がどこにいても世界中に配信できることです。販売スタッフは売り場から、開発者は研究室から、普段は会えない遠くの人とコミュニケーションが取れることに楽しさがあります。前述した中国の「農村ライブ」のように地方の農家の暮らしぶりや、その土地ならではの取り組みなども配信すれば、地方創生の一助になるのではないかと考えています。

このように、今後は専門的な知識を持った人が輝く、「オタクライブ」が活発になっていくと私は読んでいます。個人的には、陶器を作っている職人さんや搾乳をしている酪農家さんなどのライブ配信を見てみたいです！

「顔が見える」視聴者参加型が面白い！

ライブ配信版「中の人」にとっても「内容はコアファン向けに」という基本は変わりません。「せっかくやるなら、たくさんの人に見てもらいたい」という気持ちが湧いてきても、ブレてはいけません。「数」を追えば、それがやがてノルマのように感じられ、プレッシャーは大きくなり、自分を苦しめることに……。それよりも。メッセージを届ける対象を明確にすれば、視聴者の顔や望んでいることをイメージしやすくなり、より面白い企画を楽しく考えられるはずです。そうすれば、面白いコンテンツが出来上がり、コアファンが喜んで視聴してくれるようになります。

視聴者が参加するコンテンツを企画するのもコアファンを喜ばせる方法の1つです。COHINAのディレクターの田中さんは次のように視聴者参加型コンテンツの有効性を話してくれています。

田中　「視聴者参加型」とか「ライブ配信限定」のような企画があると、視聴者の方も盛り上がると思います。例えば、先日はライバー（配信者）のコーディネート対決をやりました。テーマを決めて2人のライバーがコーディネートした服をどちらが良いか視聴者に投票してもらいます。そして最後には勝ったライバーのコーディネート一式を視聴者にプレゼントするという企画です。そのときは投票数がすごく伸びてコメントもたくさん付きました。単に情報発信するだけならユーチューブでもよいはずなので、「ライブに参加した人しか体験できないコンテンツ」があるとよいと思いました。
※2019年12月20日公開の記事から引用・再構成

ここまでを少しまとめます。ライブ配信をマーケティングに活用する最大のメリットはコアファンがつくれることであり、コアファンの意見が聞きやすいこと。そのためライブ配信の内容は、開発の裏話などコアファンに向けたコンテンツを基本的には企画するべきです。ライバーには「売れてほしい」というピュアな気持ちを持っている人、つまり社内ライバーや社内インフルエンサーが適役ということです。そして開発者しか知らない舞台裏などがコアファンを喜ばせるポイントです。

コアファンは製品・サービスに愛を持っているので、その愛を伝えるにはコミュニケーション型のコンテンツであるべきで、視聴者からの質問に答えるというのが一番分かりやすい企画。ライブ配信にはそもそもコメント機能があるので、コミュニケーションはばっちり取れます。視聴者参加型や視聴者限定などの企画も有効ですね。

ライブ配信は「接客の効率化」という意味でも、ある質問に答えると視聴者全員に届きますから、同じ質問を１人ひとりのお客さんから受ける必要がなくなるわけです。また、スタッフがライブコマースを行った場合、自分の配信でどれだけ売れたかが一目瞭然になるので、仕事の励みにもなりますよね。

社内インフルエンサーはどう育てる？

私が社内ライバーに期待するのは、「専門性」に加えて、「多角的な視点」です、ネット上には有名無名を問わず、ユーチューバーやインフルエンサーが発信するコンテンツがたくさんあります。私もこれまでたくさん見てきましたが、社会人を経験したことがないと、どうしても特定の視点にとらわれたままになってしまい、ネタに限界が出てきます。社会人経験で身につけた考え方、さらに企業側の視点と消費者側の視点を併せ持ち、いろいろな角度から物事を見られるのが強みです。だからこそ、これからは社内ライバーや社内インフルエンサーが台頭してくると思っています。

企業としても、想定されるリスクは回避しながら、魅力的なコンテンツを発信できる社内ライバー、社内インフルエンサーをぜひ育てたいところです。そして今は「SNSの専門家ではないけれど、挑戦してみたい！」という若者が企業に多くいる。しかし彼らを会社はどのようにサポートしたらいいのか考えあぐねている、というケースが少なくないようです。

実際にC Channelで社内インフルエンサーになり、現在は独立して美容クリエイターとして活躍している元美容部員 和田さん。の考えを紹介します。

和田さん。 会社にとってイメージが悪くなることやリスクが発生しうることは避けるべきです。でも、人に良い影響を与えた

C Channelの社内インフルエンサーから独立した、
美容クリエイターの元美容部員 和田さん。

り、人の気持ちが明るくなったりすることであれば、「まずは好きにやってみたら」と言ってもらえると、部下はうれしいと思います。会社に迷惑にならないようにしようと、自然と思えるはずです。
※2019年8月29日公開の記事から引用・再構成

社内から有名なライバー、インフルエンサーが育つという事例は多くはありませんが、最初は会社に背中を押してもらって、試行錯誤をしていく場合が多いです。それは私も一緒で、最初から私のテーマである「モテ」や「ぶりっこ」を確立できていたわけではありません。配信をして、視聴者からフィードバックをもらいながら自分の個性とか軸が定まっていきました。もし周囲でSNSの運用に興味を持っている人がいたら、コミュニケーションを取りつつ、その子の成長を手厚くサポートする。それが双方にとって良い結果につながるのではないかと思います。

私は2018年に「ももち」というアパレル店員さんを見つけ、サポートしていくうちに、ユーチューブのチャンネル登録者数が0から30万人以上になり、ももちが紹介した商品が毎回売り切れるという現象が実際に起きています。「スターを生み出した！」と思っています。そこで、どうやって社内にインフルエンサーやライバーを育てればよいか迷っている方に、私が考えるライバー育成のコツを紹介させていただきたいと思います。

まず大切なのは、「何のためにライブ配信をするのか、モチベーションを持たせてあげること」です。配信をしていると、次第に手段が目的化されてしまい、「配信すること」自体が目的になってしまって、途中から「私は何のために配信をしていたんだっけ⁉」となることが少なくありません。そうならないためにも、定期的に目的と呼べる、最終的なゴールを確認し合えるように面談をするのが良いと思っています。また、定期的に彼らのライブ配信を見て、コメントをしに行くなども意識して行うと励みになるでしょう。

私は自分が育成しているライバーに、好きなものを、どんどん好きになるような工夫をしています。現在は趣味や好きなものがとても細分化しています。なのでニッチなインフルエンサーのほうがコアファンの気持ちをつかめることが多い。そのため面接のときは「なぜそれが好きなのか」を聞いていきます。理由をどんどん深掘りしていくことで、その子の頭の中が整理されていくので、「私ってこういう理由で好きだったんだな」と気づくきっかけにもなります。それがまた配信のネタになったりします。

専門知識のある社内ライバーであれば、そもそも自分の知識には自信を持っているでしょうが、「なぜ？」「どうして？」と敢えて質問してみてはどうでしょうか。そこで新たな気づきがあれば、発信する内容に新たな深みや面白さが加わるかもしれません。

社内ライバーを続けるうちに、時にはスランプに陥ることもあるでしょう。たいていは「初代」社内ライバーですから、相談できる前任者はいない。上司さんもたいていは未経験者ですから、具体的なアドバイスはできないかもしれませんが、一緒に考えることはできるはずです。

私は育成中のライバーと毎月、面談をしています。相談や悩みがあれば答えてあげたいと思うのですが、会っていきなり「じゃあ話してください」と言っても、上司相手に緊張してしまう子も多いです。そこで、デザイン的にもかわいいスプレッドシートをあらかじめ作っておいて、その子自身のやりたいことや、不安に思っていること、挑戦したいこと、SNSで悩んでいること、会社に求めていることなどを、事前に書いてきてもらっています。もちろん、何を書いても怒らないことが大前提ですが、それを見ながら話すと、「言いづらい」状況を回避できるのではないかと思っています。

私の場合は、自分の経験から具体的なアドバイスをするわけですが、このシート記入方式は、互いに不慣れなライバーと上司の間でも、課題を共有して、一緒に工夫を重ねていくときに役に立つのではないかと思っています。

第5章

ライブ配信をやってみましょう！

配信を始める前に確認しておいてほしいこと

ここからは実際にライブ配信をする際のチェックポイントを解説します。まずは配信を始める前に確認しておいてほしいことをまとめました。主なポイントは、次の3つになります。

①何を用意するのか
②誰に向けて何を話せばよいのか
③炎上やアンチなどのリスク

①何を用意するのか

「スマホ1台あれば始められる」ライブ配信ですが、映像のクオリティーを上げ、安定した配信を実現するためにはいくつかアイテムを用意しておくといいでしょう。私が実際にライブ配信で使用しているアイテムを紹介します。

●スマートフォン

なんといっても、まずはスマートフォンです。ライブ配信に必要なのは、動画撮影ができるカメラ機能。最近の機種ならほぼ標準搭載されています。あとはライブ配信アプリを起動して、開始ボタンを押すだけで配信できてしまいます。簡単すぎて逆に不安を感じてしまうかもしれません（笑）。配信時の注意点は、フル充電にしておくこと。充電をしながら配信することもできますが、スマホが疲れて温度が高くなり、「高温注意」の警報が出てしまうことがあります。実際に、企業さんとのコラボでライブ配信をした際に、高温注意警報が出てしまって配信が中断され、最初から撮り直したという苦い経験が……。ファンからは「なぜ同じことをやっているの？」というコメントをもらった記憶があります。このように視聴者はもちろんのこと、企業さんにも迷惑をかけてしまうので、ライブ配信に使うスマートフォンは絶対にフル充電しておきましょう。

また、ファッション系のライブ配信で全身を映す人は、撮影用のスマホに加え、視聴者からのコメントを手元で確認するためにもう1台、スマホを用意しておくと便利です。ライブ配信の撮影はスマホではなく、パソコンを使うのも手です。

●ライト

3つのライトを用意するのがベストです。私は2つは壁に、残りの1つは自分に正面から当てるようにしています。その理由は、スマホには明るさを自動調整する機能があるので、単純に正面からライトを当てただけだと、背景が暗くなってしまうから。お薦めはリングライトで、これを自分に当てて、残りの2つは壁に当たるように配置するとバランス良く撮影できます。ライバーと後ろの壁が近い場合は、リングライトをライバーに当てるだけでOKです。

また、リングライトは色味を調整できる製品がいいですね。天気や照明によっては色味が変わって映ることがあるので、調整

充電は大事。どこでも使えるモバイルバッテリーが便利

Wi-Fi用のルーターを最新のものにするなど、通信環境も整えておきましょう

ができると安心です。私が使っているのはLPLというメーカーのLEDリングライトです。すでに生産が完了していると思いますので、家電量販店の通販サイトなどで現行の製品を調べてみてください。明るさや色味を調整できる製品だと4万~5万円くらいしますが、ライブ配信に限らず動画撮影では光は大切なのでいいものを買いましょう。なお、下の写真のようにリングライトを取り付けるスタンドは別売なので注意してください。

●音響BGM

BGMはとても重要で、いつもパソコンからかけています。実は、BGMを流すようになってから離脱率が下がりました！

照明は、光が行きわたるリングライトがお薦め

明るさや色味が調節できるタイプが重宝します

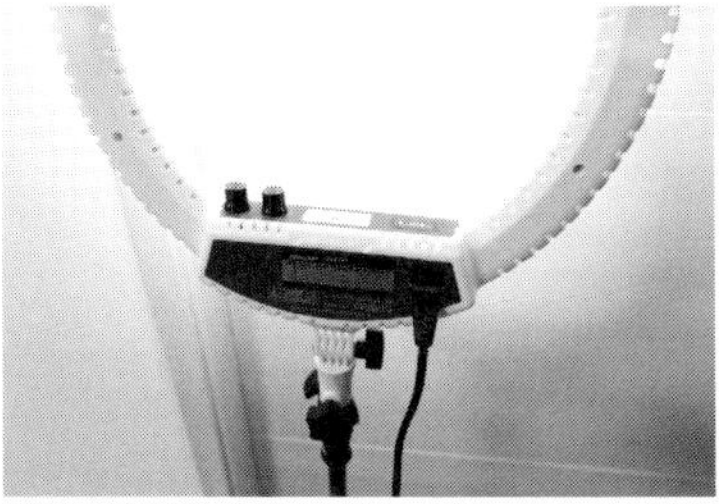

ライブ配信中は基本的にライバーの声が流れるわけですが、視聴者からのコメントに目を通している間など、どうしても「無言」になる時間があります。コメントの確認は、コミュニケーションを取るために必要なのですが、慣れないうちは真剣に読んでしまい、気づけば数十秒、無言になってしまうことも……。その少しの間ができると、視聴者は不安になったり、気まずくなったりしてしまいます。テレビでいう放送事故のようなことにならないように、そしてもちろん番組の雰囲気を良くするために、お気に入りのBGMを用意したいところです。

注意したいのは、BGMの著作権です。私は自作のBGMを使っていますが、ライブ配信アプリによって著作権料の支払い方などに違いがあるのでよく確認してください。また、著作権がフリーな音楽素材を入手できるサイトもありますので、活用するといいでしょう。

●画像

配信中の画面には、基本的に撮影している映像が映りますが、配信アプリにはあらかじめ用意しておいた画像を取り込むことができるものもあります。例えば、手元にない商品の写真を用意しておいて、必要なときに貼り込むといった具合です。インスタグラムの場合は、事前に横縦比が９対16の縦長な画像を用意しておけば、バランス良く画面に収まります。

●スクラップブック

視聴者に伝えることを書いておいて適宜見せるのに便利です。すべてを口頭で伝えるのはなかなか難しいものです。このとき注意してほしいのが文字の反転です。実はスマホの自撮り用のカメラ（画面のほうにあるカメラ）での撮影は、スクラップに普通に文字を書いて配信中に見せると、ライブ配信アプリによっては文字が反転してしまって視聴者が見づらいという事態になります。あらかじめ反転させた文字をコピー・印刷しておきましょう。

●スマホの三脚

自撮り棒兼三脚などのアイテムを用意しておくと、画面がぶれにくく安定するので便利です。私は「ＪＯＢＹ」と「Ｖｅｌｂｏｎ」の製品を使用しています。スマホ用の三脚は、持って使用することを重視している軽量タイプの製品もありますが、あまりに軽量のものを選ぶと、三脚として立たせたときに安定しないことが多いです。しかしこの製品は、女の子でも手持ちで大丈夫だし、三脚としてしっかり立てることもできるので、とても重宝しています。

スマホ用の三脚で画面がぶれないように

●裏アカウント

ライブ配信アプリによっては、服や周囲の環境によって顔色や明るさが自動調整されて、色味が変わってしまうので、ライブ配信の前に裏アカウントなどで一度確認や調整することをお薦めします！　できれば、服は明るめのものと暗めのもの、2バージョン用意しておくと、調整がしやすくなり、安心です。

●スマホ用レンズ

私は普段、自宅でライブ配信の撮影をしています。しかし、企業さんとタイアップをしたときなどは、広めの店内を映す場合もあり、スマホに広角レンズを付けたほうが効果的な場合もあります。画角を変えるなどして画面に変化を与えると、視聴者も飽きずに見てくれます。

●空間づくり

皆さんは、ライブ配信を視聴しようとしたときに、モノでごちゃごちゃしていたり、汚い部屋が映っていたりしたら、長時間見続けたいと思うでしょうか？　ライブ配信に限らず、動画などで一瞬でも不快に思われたら、視聴者は見に来てくれません。限られた時間で、伝えたいことを気持ち良く伝えるために、配信する空間はダサくならないようにデザインにこだわってほしいと思っています。私は、スキンケアの製品を紹介するときなどは、背景にピンクの布やテープを張ってみたり、スキンケア製品をずらっと並べてみたりと、雰囲気にはこだわるようにしています。

●ネタ

事前に用意するもので一番大切なのは、配信するネタ（内容）ですよね。「ライブ配信をしたい」と思っている人の多くは、「コスメについて語りたい」「料理を紹介したい」など、大きなコンテンツのテーマや思いはしっかり頭の中にあるはずです。しかし、具体的に何を話せばいいのか、となると、迷ってしまう人もいるでしょう。基本は前述のように「コアファン向け」ですから、「誰でも分かる」より「思い切り深く」攻めましょう。

お薦めは、普段生活しているだけでは見られない「裏側」を紹介すること。コアファンほどライバーが好きなことやものを知りたがります。企業さんがライブ配信する場合は、商品開発の経緯やこだわりなど、普通なら知れないことをぜひ用意してください。

また、「春におすすめのモテメイク術」や「冠婚葬祭におすすめのヘアアレンジ方法」など、シーズンや時期、テーマによっては、1回取り上げたらもうそのコンテンツは終わり、ということもありますよね。すると、「毎回違うネタを配信しなければならないのではないか」「ネタが被ったら見てくれる人は少なくなるのではないか」と不安に思う人もいると思います。しかし、テーマを毎回変える必要はありません。最新情報を追加したり、伝える内容をアップデートしたりして、視聴者に楽しんでもらえる企画を立てればOK。

さらに、「この曜日はこれ」と配信内容を決めてしまうのもグッドです。ファッション系なら、「月曜日はトップス」「火曜日はボトムス」「水曜日はワンピース」……など、あらかじめ配信内容やテーマなどを決めることで、配信しやすくなることもあります。実際に、人気ライバーとなったももちは、曜日指定で服の種類を設定してライブ配信で販売しています。

何か面白い企画を考えて、それをライブ配信したいと考える方もいると思います。でも、面白い企画はなかなか思いつかないのではないでしょうか。そんなときにお薦めの発想法が「宿題」を作る方法。これは、コンテンツスタジオのチョコレイトに所属しているプランナー、冨永敬さんに教わったアイデアの発想法です。

冨永（小学館の知的バラエティチャンネル）「ピカいちCHANNEL」は、ほかのプランナーと一緒に作っているので僕だけのアイデアではありませんが、僕は森さんのように「自分の内なるものを表現したい」という作家性の強いタイプではないので、別のアイデアの作り方をしています。「宿題を決める」という方法です。

　僕は広告業界出身だとお話ししましたが、広告を作るときはたいていクライアントさんからお題が提示されていて、「これを売りたい」とか「こんな人たちに認知させたい」など、課題が明確なんです。だから、「どうやったら解決できるか」というように、宿題のように考えています。ただ漠然と「何かを表現して」「作って」と言われると、「あれもいいし、これもいいし」と混乱してしまう。「この問題を解いてください」と言われると、「じゃあまずはあれをやってみよう」という思考になります。

　例えば、子供たちがやりたくなる面白い漢字ドリルを考えるとします。漢字ドリルは

チョコレイトのプランナー冨永 敬さん（左）。
右は同じくプランナーの森 翔太さん

「普通にやってもつまらない」といった問題があります。どうやったらこの問題を解決できるかという宿題にしてみる。すると、「実況したら面白いんじゃないか」「うどんを食べながら漢字を書かせてみる」など、どんどんアイデアが浮かんできます。できるだけシャープかつシンプルな宿題にして考えるというこの方法は、どんな人でもまねしやすいと思います。

※2019年7月12日公開の記事から引用・再構成

このような考え方は、クリエイティブディレクター、篠原誠さんも実践されていました。篠原さんの場合は、「制約をかける」という発想法でした。

篠原　アイデアに行き詰まったときは、「制約をかける」方法をよく使います。例えば「この水の広告を考えてください」って言われたら黙り込んでしまいますよね。でも「タクシーの中でのシーンで考えてください」と制約がかかると考えやすくなりませんか？　他にも「看護師の愚痴編」とか「エレベーター編」とか、題名を決めてから考えると面白い企画が思いつきますよ。「今日は絶対正面向いて話さない」と制約かけると「でも鏡使ってもいいんだよね?」とか、人はいろいろなことを考え始めます。脳は自由なときが一番アイデアを生み出しにくい。「制約」や「条件」と聞くと嫌な感じがしますが、広告の場合はアイデアが出やすくなるんです。我流ですけど……。

※2019年10月29日公開の記事から引用・再構成

冨永さんや篠原さんのように、宿題や条件などを定めて考えると、アイデアを出しやすくなると思います!

また、「私のファンはこんなことが知りたいだろうな」「こんなコンテンツを作ったらファンは喜んでくれるだろう」と自分で想像して企画を考えるのもよいですが、ライブ配信では、「どんなことを配信してほしいですか?」と、コアファンに向けて質問をして、みんなの意見を取り入れるのもお薦め。ファンたちが今知りたいと思っているリアルなニーズが分かるので、そのネタをコンテンツにしてあげれば喜んで見てくれます。元美

容部員 和田さん。は、ライブ配信で企画会議を実施して、ファンのニーズをつかんでいるそうです。

和田さん。 はい。最初に動画配信を始めたときは、ユーチューブを熱心に見ていた同期の知人に「和田ちゃんは美容分野でいったら伸びるよ！」という一言をいただいて、そこから自分は何をやろうかなと考えて続けて今があります。チャンネルを作りたての頃はファンとコミュニケーションが取れるツールがまだ確立されていなかったので、昔働いていた現場で困っていたお客さまのニーズを引き出してきて、そこからリアルな悩みに落とし込んでいきました。「自分が一番お客さまのことを知っている！」という自負があったので、常に自分でテーマを決めていました。

ところが、ユーチューブの発信ばかりしているとどんどんネタが切れてしまい、お客さまのリアルな肌感が何も分からなくなります。そこで、現在はインスタライブを週に1、2回行い、企画会議という形で視聴者のリアルな悩みをヒアリングして、次回のテーマを決めています。

ゆうこす　では、そのインスタライブが視聴者やユーザーとのコミュニケーションの場にもなっているのですね。

和田さん。　そうですね。私が求められているニーズ、つまり他のユーチューバーやインフルエンサーとの違いは、情報性だと思っています。私自身も視聴した人に有益な何かを提供したいというプライドがあるので、基本的に視聴者の質問に答えられるよう準備しておくことを大切にしています。皆さん、「美容部員はいつでも答えてくれる」というイメージがあると思うので、それに答えられないとすごく悔しい。なので、視聴者が何に困っているのか、季節のことなども考えながらある程度予想をして、それに対する知識がたまった状態になったときにライブをします。そのためコミュニケーションの回数は少なめといえるかもしれません。

※2019年8月21日公開の記事から引用・再構成

ライブ配信をするネタを集めるためにライブ配信をする、というのはとても斬新ですが、非常に効率的ですよね。好感を持ってもらうには視聴者の悩みを解決するのがベストな作戦という側面もあります。

ここまで説明しておきながらなんですが、「ギフティング型」の場合は、ネタはなくても大きな問題にはならないことがほとんどです。普段思っていることや今わくわくしていることの話をしたり、練習したりしている風景をただ流すだけでもOK！　演奏や演技など、失敗しているところを配信するのもアリです。なぜなら、そのほうがリアルだし、視聴者がライバーに共感しやすくなります。好みの問題もあるかもしれませんが、演奏が上手なミュージシャンと、なかなかうまく弾けないけれどなんとか1曲通して演奏しようとしている人のどちらを応援したいと思うでしょうか。私は、今はうまくできなくても目標に向かって一生懸命頑張っている人を応援したくなります。

ライブコマースでは、モノを売るだけでなく、制作過程から発信するのもアリです。また、COHINAの事例で紹介した通り、新製品の開発などで「どっちがいいと思いますか?」と視聴者に意見を求めるのも良いですし、「今このような状況です」と進捗を報告するだけでも魅力的です。製品の開発ストーリーを配信できるという利点もあります。「どっちがいいと思いますか?」と投げかけると、自然とコメントが集まってくるので、視聴者とよりコミュニケーションが取りやすくなります。このように、配信をしているライバーから、視聴者が反応しやすいように質問を投げかけると、離脱も少なくなっていきます。

②誰に向けて何を話せばよいのか

ネタが決まっても、ライブ配信をする際は、誰に向けて何を話すのかを整理しておくことが絶対に必要です。基本的には「ギフティング」「PR」「ライブコマース」で考えればOK。それぞれの場合について、どんな人に向けて何を話せばよいのか紹介していきます。

●ギフティング

基本的に、自分（ライバー）を応援したいと思っている人が視聴者なので、特に気にすることなく、自分の夢に向かって頑張っている姿を配信すればOKです。そう考えると、ライバーにとっては一番気楽にできるライブ配信かもしれません。

とはいえ、ギフティングにおいては視聴者とのコミュニケーションが一番大切です。視聴者とコミュニケーションを取るためには、きちんと目を見て話すことが不可欠です。ライブ配信をしているとどうしてもコメントを見てしまうので、視聴している側からすると、ライバーがずっと下を向いている姿が配信されてしまいます。実際に画面越しの視聴者と目を合わせることはできませんが、カメラを見ながら話そうと意識するだけで、視聴者が画面越しにリアルに対話していると認識してくれて、コメントなどの反応をもらいやすくなるのです。

コメントしてくれた人の名前をちゃんと呼ぶのも効果的です。ラジオでも、「○○さんからのお便りです」と紹介してくれると、「やった！　採用された！」「自分の名前が出た！」って思ってうれしくなりますよね。ライブ配信も、「取り上げてくれた！」「名前を呼んでくれた！」という特別感が生まれるので、積極的に読み上げてあげるのがお薦めです。

そこそこ経験を積んでファンとのつながりができ始めた人にとって一番怖いのが、最初は見てくれていたのにだんだん視聴数が減っていってしまう「離脱」。確かに、配信開始時はそれなりに視聴者がいたのに、時間が経つと1人、また1人、視聴者が減っていくと「行かないで〜！」と超絶泣きたくなるはずです。

しかし、その数字ばかりに気を取られて内容が疎かになっては本末転倒です。内容が大きく外れていなければあまり離脱をすることはありません。なので、内容や企画はコアファンに向けたものを考えれば、あまり心配する必要はないのです。

とはいえ、いくつかテクニックもあります。離脱を防ぐお薦めの方法は、配信内容と時間を事前に提示することです。ライバーの多くは、「何時から配信するか」は告知しますが、「何分間の配信なのか」を伝える人はほとんどいません。ライブ配信は、視聴者の時間を奪い、縛るものです。視聴者は何分時間を確保すればいいのか分かっていないと「いつまで続くんだろう？」と不安になってしまうので、配信の開始日時や内容のほかに、所要時間の目安も事前に伝えておくと、安心して試聴できます。

配信を始めるときに注意したいのが、スタートです。ライブ配信をしている側と視聴者側とでどうしてもタイムラグが発生してしまうので、スタンバイ状態の完全オフショットの様子が配信されてしまうケースもあります。私はとあるメイク紹介の配信を見たときに、いきなりすっぴんで顔を拭いている画面が目に飛び込んできて、驚いたことがあります。「何を見せられているんだろう」と不快な気持ちになってしまっては、そもそも配信を見てもらえなくなります。なので私は、配信開始のボタンを押す2〜3秒前から笑顔を作って手を振っておくようにしています。そうすれば、タイムラグによって見せたくない部分を見せてしまう危険性は低くなるはずです。

途中から視聴しに来てくれる人もいるので、新しいユーザーに向けて簡単な自己紹介と配信内容を伝えてあげるのも有効です。私の場合は、最初に「皆さんこんにちは、ゆうこすです。今回は最新のリップを買ってきたので、それを紹介していきたいと思います。何かあったらコメントしてくださいね」などと言います。そして、配信している途中で「途中から見に来てくれた方もありがとうございます。今回は、最新のリップを紹介しているので、よかったらコメントをお願いします」といった感じで、合間合間に自己紹介と配信内容を言うようにしています。

「途中から見ると面白くないのかな？」「今から見に行っても大丈夫かな？」と思われて、視聴を断念されてしまうのはとても悲しいですよね。実際に、配信直後から見に来てくれる人は、全体の視聴者の3分の1～半分程度なんです。だから私は、「今からでも大丈夫だよ！」ということを伝えるためにも、簡単な自己紹介と配信内容のテーマをこまめに言うようにしています。私の場合は、15分間のライブ配信をしているなら、3分に1回くらいは、今回の配信と自分の紹介を10秒以内で言うように意識しています。

また、視聴に慣れてくると、同じような映像をずっと見続けることになります。ライブ配信はそもそもコアファンが見に来てくれているので必要以上に変えなくてもよいとは思うのですが、少し見え方が変わったほうが、見る側も楽しめると思います。10秒同じ映像を見続けると飽きてきてしまうので、ジャンプカットを入れたり、インカメラやアウトカメラを切り替えたり、ずっと固定して撮影しているのではなく、配信しているカメラ（スマホ）を持って動いてみたり、画像を差し込んでみたり、広角レンズを使うとよいでしょう。

ゲストがいるときは、あまり演者同士で会話をしすぎないこともポイントです。配信者１人だけでなく、誰かとコラボレーションをしたり、出演者を招いたりして配信するケースで、その場の人たちだけが盛り上がってしまい、視聴者を置き去りにしてしまうと、視聴者は蚊帳の外に思えて、どんどん離脱していってしまいます。あくまでも見てくれている視聴者ファーストを心掛けましょう。

●PR

ＰＲ案件でクライアントの企業さんからお仕事をいただく際は、主に自分のコミュニティーに向けて商品を宣伝することになるので、自分のコミュニティーにはどのような人たちがいて、何が好きなのかをしっかり分析してから配信してください。

ＰＲ案件での配信のコツは、絶対に言ってはいけないＮＧワードのようなものを提示される場合があるので、キーワードを書き出してカンペ（カンニングペーパー）を用意しておくことです。例えば「グラデーションではなく『ぼかし』と言ってほしい」など競合ブランドとの兼ね合いで言ってはいけない表現があったり、商品によっては法律などの関係で使ってはいけないワードなどがあったりします。そんなとき、私は、ライブ配信用のカメラの横など、自分が見える場所にＮＧワードなどを書いたスケッチブックを置いて、それを見ながら配信するようにしています。

逆に紹介する商品の値段や発売日、買える場所、商品名など、「絶対言わないといけないこと」がある場合も同様です。「ちゃんと頭に入っているから大丈夫！」と思っても、いざとなると頭から抜けてしまうこともあります。実はとあるPR案件のお仕事で、準備不足のまま臨むことになり、企業さんの名前を間違えて紹介してしまったという苦い経験があります。あのときはさすがに背筋が凍りました。しかし、見える場所に重要なワードを書いておくことで、ほとんど内容をこぼすことなく、正確に配信ができるようになりました。

ただし、そのワードはあくまでもメモにとどめておくことが重要です。文章のように書くとどうしても読もうとしてしまうので、いくら熱量をもって文章を作ったとしても、見ている側からすると熱量は届きにくくなります。うまく話せなくても、その人らしさが出ているのが一番。必ず単語で書き、その場で文章を作って自分の言葉で思いを伝えることをお薦めします。

●ライブコマース

基本的に、視聴者は配信者であるライバーの持っている知識を聞きたいと思っている人がほとんどです。なので、視聴者からの質問に回答するなど、うまくコミュニケーションを取りながら、自分の知っていることや思ったことなどを率直に話してください。

ライブコマースで一番やってはいけないのは「流しっぱなし」です。実は私がライブ配信をチェックしていて、とてもガッカリしたことがあります。それはとある化粧品の新作発表会のライブ配信です。事前に、新作商品の発表会があることをＳＮＳの告知を通じて知っていたので、「どんなライブ配信になるのだろう」とあれこれ想像して楽しみに待っていました。しかし、配信の開始時刻になっていざチェックしてみると、発表会会場の一番後ろの席から、固定で会場や発表の様子を撮影した映像が流れていただけ。コメントを読む人もいなければ、防犯カメラを見ているのかのような状況だったんです。その後、誰も見に来る人はおらず、どんどん視聴者は減っていきました。書き込まれた唯一のコメントが「これは何ですか？」という内容で、残念なほどつまらなかったうえに、なぜライブ配信をしたのか意味が分からず、すぐ視聴をやめてしまいました。

ライブコマースに限らず、ライブ配信の魅力は視聴者とリアルタイムでコミュニケーションが取れることです。それを無視してしまっては、ライブ配信をする意味がありません。先ほどの化粧品の新作発表会も、ライブ配信ではなく録画した動画でも良かったはずです。せっかくライブ配信をするなら、ちゃんとライブ配信の良さを生かして、ファンとコミュニケーションを取りましょう。ライブコマースのコツについては、さらに後述します。

実は、炎上しづらいのです

③炎上やアンチなどのリスク

リスクとして炎上を心配する人もいるでしょう。「ライブ配信はやり直しがきかないんだよね？　もし失言で炎上したらどうしよう」と不安になり、足踏みをしそうになっている方もいるのではないでしょうか。

ツイッターをはじめ、ほかのSNSでは炎上しているのをよく見かけますが、実はライブ配信は炎上しづらいのです。これもメリットです。ツイッターなどでは、テキストを通じてのコミュニケーションになるので、中には相手を「人格のある人」だと思わないような発言をする人もいます。ところがライブ配信では、画面越しとはいえ、直接コミュニケーションしているので、人柄や感情が伝わりやすい。失敗したらすぐに謝罪すれば、その誠意がテキストよりも伝わります。

そのため炎上を恐れずに「挑戦」がしやすいというのも、ライブ配信の特徴です。ライブ配信はコアファンが見に来てくれる場なので、「今こういうことに挑戦しているんです」と言って配信することも可能です。

また、配信が続くようになると、アンチと呼ばれる人たちが現れて、心が折れてしまう人もいるはずです。そこで、アンチはなぜいたずらや意地悪をするのか、直接ダイレクトメールなどでやり取りをして、自分なりに研究して傾向を分析しました。

アンチのタイプは主に次の３つに分類されます。

・日本語が通じない人
・自分の正義を押し付けたい人
・自分の発言で相手が寂しくなったり、怒っていたり、感情が動くのがうれしい人

「日本語が通じない人」は、「今、何が食べたいですか」と問いかけると「今は8時です」みたいに返ってくるようなタイプで、会話ができません。この場合は、コミュニケーションを取ろうと思っても会話を成り立たせることができないので、そういう人もいるのかと思って、相手にしないのが得策です。

「自分の正義を押し付けたい人」は、正義感が強い、いわゆるネットの「○○警察」のようなタイプです。1人ずつ、自分の考えがあっていいと思うのですが、この手のタイプは自分が一番のルールで、一番正しいと思っています。なので、なんでも自分の思う通りにやってほしいと考えているわけです。

最後は自分の発言で相手が寂しくなったり、怒ったりと、感情が動いていることがう

れしい人。「おいこら」と言ったら「何なんだよ」って反応が返ってきたほうが、面白いと感じる人がいるのです。

特にライブ配信は、リアルタイムのぶっつけ本番の配信なので、編集ができません。そのため、コメントを送ることによって相手の反応を見やすいという特徴があります。匿名性も高く、画面を通しているので言いやすいこともあり、3番目のパターンが多いことが分かりました。なお、ギフティングの配信では、「自分の正義を押し付けたい人」タイプの説教好きな人が多い傾向もあります。

アンチに振り回されないようにするには、なるべく表情に出さないことが大切。コメントはタップですぐ消せますし、ブロックもできるので、嫌な人からのコメントを表示させなくすることが可能です。また、通報機能が付いているアプリもあります。インスタライブでは、ブロックすればその人以外の誰もが、その人の投稿しているコメントを見られない仕様になっているので、それぞれのアプリやサービスの機能などを使って、工夫するとよいでしょう。

ただし、こちらに非があるときはきちんと謝罪をすることが大切です。でも落ち込んだり、マイナスな感じを出してしまったりするとライブ配信のテンションが下がってしまいます。温度感が大事なので、あくまでポジティブな印象になるように伝えるのがベストです。

eコマースにはない、ライブコマースのメリットとは

さて、自社の社員の誰かにライバーになってもらおうと考えた人、あるいは「私が明日からわが社のライバーになるぞ！」と思った人もいるのではないでしょうか。ここまで読めばライブ配信に必要な知識やノウハウは身に付いていると思いますが、実際に製品を販売するライブコマースは、eコマースとは少しノウハウが違います。

例えば、eコマースでは商品吟味する際に、写真を見て説明文を読むことで、商品の大体のイメージをします。疑問があったらサイトの「よくある質問」などに目を通したり、アマゾンなどへアクセスして他人の書いたレビューコメントを読むことで、不安や疑問点を解消しようとするはずです。しかし、ライブコマースは動画なので、さまざま

角度から商品を紹介できるだけでなく、リアルタイムで視聴者から寄せられる疑問にすぐに答えられます。つまり、今ある情報で自己完結するのではなく、自分から能動的に質問ができるため、お客さまはより安心して商品を購入することができるのです。

また、購入してくれたお客さまに対して、「ありがとう」と感謝の気持ちを伝えられるのも大きなメリット。eコマースでは、購入が完了したときに送るメールなどで「ご購入いただきありがとうございます」などと伝えることができますが、画面越しに直接お礼を言ってもらえるのって、かなり印象が違いませんか？　感謝の言葉を画面越しにリアルタイムで言われると、購入した人は直接会って言ってもらったかのような感覚になり、満足感が得られるのです。

売りたい商品をコントロールできるのも魅力の1つです。eコマースの場合は、基本人気のある商品や色などから売れていくため、販売している側としては受動的になります。しかし、ライブコマースでは、商品が売れ出した瞬間に、売れている商品とあまり売れていない商品がリアルタイムで分かるので、人気のない商品をうまく宣伝して購入を促すことができるのです。「この色を持っていたら気分がちょっと変わりますよね」

「この色をなかなか持っている人はいないんですよ」といった具合に。私はよく、この手法や話法を学ぶために、ジャパネットたかたさんの番組を参考にしています。

また、インスタライブは「今現在」の視聴数が見られる点もポイントです。販売のスタートを切ったときに、視聴数が減っていると買いに行っているということが一目で分かります。これはちょっとした販売のテクニックなのですが、販売が始まったら「買ったら戻ってきて、ぜひ『買ったよ！』とコメントしてください」と伝えると、買いっぱなしにならず、また戻ってきてくれやすくなります。実は買った人のコメントがあると、買おうか迷っている人の背中を押すことにもなるので、この呼びかけはとても有効なのです！

視聴者が商品作りから参加できることもライブコマースの良いところ。例えば、「この商品の色はどっちがいいでしょうか？」「こっちとこっち、どちらの形を買いたい？」など、商品開発のライブ配信中に視聴者に呼び掛けて意見を募ると、コメントを送ってくれます。たとえ自分の意見が反映されなかったとしても、「コメントをした」「意見をした」という行動は自分の中に残るので、「商品作りに参加できた」という満足感が得られるのです。

これまで、ライブコマースでさまざまな商品を販売してきましたが、反応が良かった企画を紹介させてください。その企画とは、オンラインサイン会です。ライブコマースで本を買おうとすると、今購入してくれた人の名前が表示されます。そこで、サインを書いている様子をライブで配信するサイン会のようなものをしたんです（サインは後日郵送）。

「買ってくれましたね、ありがとうございました！」と言うと、コメントで「クマさんを書いてください」と書き込まれたりするので、「分かりました、クマさん書きます」しイラストを記入したこともありました。ある意味、本当のサイン会のようですよね。それがとても楽しかったので、そこでしか得られない体験というものは、やっぱり買う側はうれしいのだと思っています。

ライブコマースは、まだまだ始まったばかりのサービスで、参入するには腰が重いという企業がほとんどだとは思います。しかし、だからこそチャンスがあるので、ブルーオーシャンなのです。興味を持った方はぜひ、本書を参考に、ライブコマースを考えてみてください。一緒にライブコマースを盛り上げていきましょう！

第6章

インフルエンサーでPR&タイアップ

「リュウジ作ります」で14万人超！

ビジネスパーソンの皆さんの中には、自分たちでライブ配信するよりも、インフルエンサーに依頼し、PRをしてもらいたいという方もいるはずです。私はライブ配信で商品を売るようになって、ありがたいことに、クライアントの企業さんからのPR案件やタイアップなどの仕事をたくさん受けるようになりました。私に限らず、これからはライブ配信を活用したお仕事の依頼や展開は増えてくると思っています。

そのため、私は今後ライブ配信でPR訴求できるタレントが求められてくると考えています。個人レベルで行うビジネスはもちろんのこと、しっかり商品を売れるタレントは、企業さんからの依頼もたくさん受けるようになるでしょう。そんなとき、仕事を依頼する企業さんが考えるのは「どんなインフルエンサーやタレントを選ぶか」「どのように商品を紹介してもらうか」だと思います。

少しおこがましいのですが、私がしてきた今までの経験から、インフルエンサーを起用してライブ配信でPR案件を進めようと思っている企業さんへお願いしたいことや、インフルエンサーへのアドバイスを伝えさせていただきます。過去に私が経験した事例なども含めてご紹介しますので、これからPR案件でのプロモーションを考えている人や、今その案件で悩んでいる人などのお力になれたらうれしいです！

まずは企業さんがインフルエンサーにライブ配信をお願いして、成功した事例を1つ紹介します。

ロッテの「雪見だいふく」はいつもユニークなキャンペーンを実施しています。2019年9月3日から、アレンジレシピを募集する「雪見だいくふう」キャンペーンを開始しました。キャンペーン名からしてキャッチー

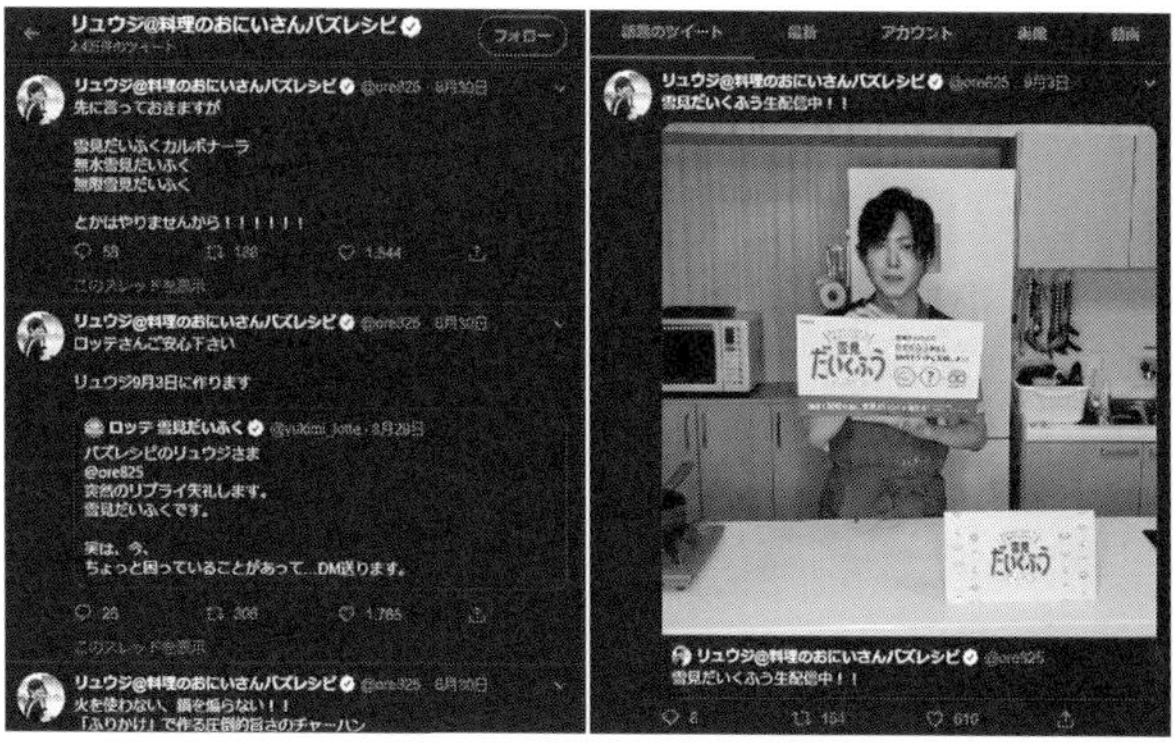

ツイッターでのやり取り（左）とライブ配信（右）。
約30分に及ぶ配信で、リュウジさんは「雪見力うどん」など、
特設サイトに寄せられたレシピを再現した（協力／ロッテ）

なのですが、キャンペーン開始日に「簡単・爆速レシピ」で知られる料理研究家のリュウジさん（フォロワー140万人超！）がライブ配信で盛り上げてくれたことがきっかけで、ネットで話題になりました。

8月29日にリュウジさんのツイッターアカウント（リュウジ@料理のおにいさんバズレシピ）に、雪見だいふくの公式アカウント（ロッテ 雪見だいふく）が「ちょっと困っていることがあって…DM送ります。」と相談を持ちかけました、もちろん相談内容はレシピの開発です。するとリュウジさんは「ロッテさんご安心下さい　リュウジ9月3日に作ります」と返信しました。これが告知ですよね。実際にキャンペーン初日の9月3日にアレンジレシピに挑戦する様子をライブ配信して「雪見だいくふう」をアピール、14万人を超える視聴者を集めたそうです。

ロッテの事例のように企業さんがライブ配信を成功させるには、インフルエンサーの選び方が大切になります。ロッテの事例を「アレンジレシピの案件だからフォロワーの多い料理研究家にお願いしただけ」と捉えてはダメです。大切なのは、フォロワーの数ではなく属性。アレンジレシピとフォロワーの相性が良かったので成功したのです。単純にフォロワーが多いからという理由で選ぶと失敗することもあります。

こんな「人気者」は怪しい……

あくまで私の個人の経験ですが、プロモーションを頼みたいインフルエンサーに「フォロワーの属性を教えてください」と質問してみてください。このとき、「男女問わずいろんなフォロワーがいます」という人は怪しい……。自分のファンのことが分かっていない、結局自分のことも分かっていないことになります。こうしたインフルエンサーに頼んでも、頼まれたことを言うだけで、面白いライブ配信にはなりません。

インフルエンサーに大切なのは、コミュニティーづくりです。私は「ぶりっこ好き集まれ～」というコミュニティーをつくっています。小さな経済圏ともいえるもので、ファンの好みや属性をしっかり理解しています。ファンを理解しているから発信内容にも一貫性が生まれ、結果ファン（＝フォロワー）にも一貫性が出てくるのです。

現代は人々のニーズが細分化されている時代です。そのため、細かいニーズに対応できるようにインフルエンサーも増えています。自分のファンや自身の立ち位置を理解したうえで、プロモーションする商品・サービスの話をしっかりと企業さんから聞きたいと思うインフルエンサーは強い。自分のファンをよく分かっているから、「私のフォロワーにはこういう人が多いので、こういう企画なら伝わりやすいと思います」と自分の意見を持てるはずです。

最近はPR案件によっては文言まで指定される場合もあります。企業さんはインフルエンサーに手間をかけさせないようにと考えてのことなのでしょうが、「コピペ」では自然なライブ配信にはなりません。企業さんには、インフルエンサーを製品・サービスの〝オタク〟にしてほしい。商品・サービスの背後にある「ストーリー」を共有して、その商品・サービスが好きになれば言葉の端々に出てくるはずです。

ウソを言ってる？ 言わされてる？

私は初めてPRのライブ配信を引き受けたとき、当然のように企業さんとお打ち合わせをしたのですが、お互い何をすれば良いのか分からず、とりあえず企業さんが「これは言ってほしい」「こうしてほしい」というご要望を詰め込んだ台本を作って、配信をしていました。そのときはそれが一番良いと思ったのですが、ふと自分の配信を客観的に見返したとき、台本を作っておくとどうしても書いてある文章を読み上げてしまうので、視聴者に熱量が伝わらなくなっていることに気づきました。

確かに、企業さんからのご依頼なので、依頼を受けた側はしっかりその要望に応えなければなりません。しかし、企業さんのご提案を台本通りに言うだけの配信は、インフルエンサーの熱意が伝わらず、視聴者は「ウソを言っている（言わせている）んじゃないか」というマイナスなイメージを持つことになりかねません。

ライブ配信はその名の通り「生配信」なので、良くも悪くもライバーの素の姿が、ダイレクトに視聴者に伝わります。表情やしぐさ、語り口調、語気などを通じて、自分の「好き」が伝わってしまうメディアなので、ウソをついているとすぐにばれます。そのため、そもそもその商品や企業が好きでもない人に仕事の依頼をするのは控えてほしいと思っています。

一時期、ライブコマースのサイトやアプリが乱立した時期がありました。その中に、有名な芸能人に商品の宣伝をお願いしてライブコマースをするというサイトがあり、芸能人の方が「この商品お薦めです！」「大好きです！」と発言しているのを見ました。しかし、私は正直「やらせなのではないか」「ウソをついているのではないか」と疑ってしまいました。その商品や企業を好きな人は特に、口ぶりからウソを見抜いてしまうもの。そのため、ウソをつかせてモノを売るようなことはしてほしくありません。

ではどうすれば良いのでしょうか。確かに、企業さんやその商品を好きなインフルエンサーをアサインするのが一番ですが、なかなか難しいのが現状です。繰り返しになりますが私は、企業さんは事前にインフルエンサーをその商品や企業のオタクやファンに変容させてほしいと思っています。

企業さんには、商品の良さや、それを開発した思いや背景などが必ずあるはずです。その思いを伝えて、インフルエンサーをファンにさせてほしいのです。そうすれば、これまで何も知らなかったインフルエンサーでもその商品や企業さんを好きになり、魅力的なプロモーションの仕方を提案したり、偽りのない言葉をライブ配信で語ったりできるからです。

また、インフルエンサーの中には真剣に仕事をしてくれない人もいます。

実は、私は各地でさまざまな企業さんに向けてカンファレンスのようなことをしているのですが、「仕事に対して不真面目なインフルエンサーに困っているという問い合わせ」を多く受けるのです。企業さんや代理店さんは、インフルエンサーマーケティングのことをすごく考えてくださっていて、「インフルエンサー様」「ユーチューバー様」のように思っている人たちが結構いらっしゃいます。それを逆手にとって、「こっちは別に仕事はいつでも切ってあげてもいいんですけどね！」といった、まるで王様スタンスのインフルエンサーもいて、途中で仕事を放り投げてしまう場合もあるそうです。

そうすると仕事がまったく進まず困ってしまいますよね。私は、自分のファン層や、そのデータを持ち寄って打ち合わせができる人を採用するのが良いと考えます。そんなインフルエンサーは、自分のファンは何が好きなのか、どんなことに興味があるのかが分かっているので、ファンに刺さるプロモーションを考えることができるはずです。だから、そのインフルエンサーの実績や仕事に対する態度、自己分析などができているかどうかなども含めて人材を選んだほうがいいのではないかと思っています。

ただし、ここで説明したようにインフルエンサーを使ってPRする際は、あまり企業色や宣伝色を入れすぎないように意識することも大切です。なぜなら、視聴者が面白さを感じてくれなくなるためです。例えば、ゆうこすらしさをゼロにしてしまったら、私のファンからすれば「ゆうこすじゃなくてもいいじゃん！」と思ってしまうはず。企業側の要望ばかりを詰め込んでしまうと、インフルエンサー側も本気で伝えたいことが伝えきれないというケースも出てきてしまうので、インフルエンサーらしさも出せるようにしてあげてほしいです！

また、有名なインフルエンサーではなく一般人でも、「自分（もしくはあの人）といえばこれ！」というものがあるニッチな人のほうが、インスタグラムやツイッターなどのフォロワーが何十万人いる人よりも盛り上がり、波及効果もあると思っています。「インフルエンサー」という肩書にとらわれがちですが、インフルエンサーとして活動している人だけでなく、一般人にも目を向けて、その中でも影響力のある人をアサインするのも良いかもしれません。

「最高」のためにインフルエンサーも一緒に考えて

ＰＲ案件を引き受けるインフルエンサー側もファン化されるのを待っているのではなく、「その商品を売りたい！」という気持ちになるべきです。インフルエンサーも一緒に商品を売るために、何を訴求したいか企業さんの思いを知ろうと努力しなければいけません。なぜライブ配信にしたのか、何を訴求したいのか、お互いの考えや認識をきちんとすり合わせておくことが大切です。

大都市を中心に展開する有名なホームセンターの東急ハンズさんから、ライブ配信の依頼を受けたことがありました。そこで、「インスタグラムやユーチューブでも告知はできるけれど、なぜライブ配信にしたいのか」を聞き、最初にお互いの目的をすり合わせようとしたんです。ハンズさんいわく、そのときはインフルエンサーを起用した宣伝をした経験がなく、今後は展開していく必要があると思ったそうです。そこで、店員や上司たちに一番分かりやすいのが、何かの商品が売れたということよりも、お店に人が来てくれることを一番の目的にして、そもそもライブ配信に興味があったことから「人を呼ぶライブ配信」をしたいと言われました。

「ライブ配信がしたい」という気持ちが分かったら、インフルエンサーも企業も一緒になって話し合うことができますよね。なのでまずは、「何をしたいのか」という思いをインフルエンサーに伝えてほしいです。今回は打ち合わせの中で「ぶっちゃけライバル店との違いってあるんですか？」とお聞きしたところ、「東急ハンズの店員は専門知識が豊富な人が多いんです」という話になり、「お客さんにもっと話しかけられたい」と考えていたそうです。「だったら店員さんを映しましょう！」という方向でまとまりました。録画だと用意された質問に答えているように見えてしまいますが、ライブ配信でリアルタイムに疑問点に答えていけば、その店員さんの実力もアピールできると考えました。

そして実際のライブ配信では、最初は私が動いて話し、途中から店員さんも1人出演して、その方にずっと話してもらいました。すると、視聴者に「この店員さんに会いに行きたい！」と思ってもらえて、実際にその店員さんに会うために来店するお客さまもいらっしゃいました。その店員さんも「ライブ配信をしたおかげで来てくれた！」という実感を持ってくれました！

このように、依頼をする企業側も、引き受けるインフルエンサー側も、きちんと目的やゴールを理解していないとうまくいきません。同じことを同じ時間で発信するにしても、「商品を紹介するだけでいいのか」「店員さんにも出演してもらうのか」で内容は大きく変わってきます。企業さんとインフルエンサーがゴールを共有できたら次に考えるのが「どのように商品を紹介してもらうか」です。

最近は、企業さんとお仕事をするときは、「商品を作っている人と一緒に出たいです」と提案する場合が多くなってきました。普段見られないところを見られるのが、視聴者に一番喜ばれます。

例えば、「ＳＵＱＱＵ（スック）」というコスメブランドさんから「うちの商品をばんばん紹介してください！」と依頼を受けたのですが、「ライブ配信もしたい」と逆提案をさせていただきました。そのときは店舗に行くことを提案して、結果、画面に動きが出たので良かったと思います。

インフルエンサーが動き回ってライブ配信するのは、画面に動きが出るので視聴者を飽きさせません。商品の開発者が一緒であれば商品が誕生した背景などを聞きながら進行できるので、魅力的な配信になるでしょう。さらに私はインフルエンサーをゲームのコントローラーを使って動かしているような配信ができるのが一番だと思っています。「右に行ってみてください」「左に行ってみてください」「それを見せてください」と言ってもらって、そのようにインフルエンサーが動くのは、視聴者参加型でとても面白いと思うのです。

第2章でも紹介しましたが、田村淳さんの「アツシメーカー」では、淳さんを視聴者が思いのままに動かすことができました。アツシメーカーは、どこにいるか分からない、暗闇の街中から始まります。看板も見えない状態で、街中を歩きながら角が見えて「右と左に行けるけれど、みんなはどっちに行ったらいいと思いますか?」と問いかけて、視聴者が「右」ってコメントしたら、右折して不審者とぶつかってひと悶着があったり……。それを見ているのが本当に楽しくて面白かったです。

自分ではない誰かを動かすことができるというのは、視聴者参加型の中でもとてもいい企画で、私自身も第2章で触れた通りＬＩＮＥ ＬＩＶＥさんで取り入れてとても盛り上がってもらえました。

私は普段、自宅やオフィスで配信をしています、もちろん理由は、一般の人が映ってしまう場所ではプライバシーの観点からライブ配信がしづらいからです。動きのあるライブ配信を実現するのはなかなか難しいのですが、企業さんの社内や企業さんの許可が取れている店舗であれば自由自在に動けます。なので、企業さんには「私を動かせる配信をさせてください」と伝えることもあります。インフルエンサーはさまざまな工夫を凝らしてプロモーションを考えてほしいですし、企業さんもぜひ面白がって一緒に楽しい企画を考えて実行させてあげてほしいです！

企業の思いをうまく導き出す方法

話が少し戻りますが、最初からスムーズに企業さんの意向を聞き出せれば一番良いのですが、実はこれが最も難しい。最後は「最高のものが作れましたね」と盛り上がって終わりたいのですが、企業さんは動画作りとかのプロではないので、うまく要望を伝えられなくて、受注する私もその要望や悩みが分からない場合がほとんどです。結果、両者が思い描いていた完璧なコンテンツが作れないということがありました。

これについて、チョコレイトのプランナー冨永敬さんのアドバイスは次の通りです。

冨永　僕が大事だなと思っているのは、目的をはっきりさせてぶらさないことです。すごく当たり前のことなのですが、「何をしたら成功か」という物差しを決めて、お互い同じ方向を向いて進めていくんです。例えば、「再生数を伸ばす」ことを一番大事な目標としたら、「まずは、再生数を伸ばす方法を考えましょう」となります。「商品のこの部分をよく理解させてほしい」という場合は「この部分をどれだけよく見せられたかという物差しで測りましょうね」というふうに明確な方針が決まれば、お互いにすれ違いがなくなります。

※2019年7月12日公開の記事から引用・再構成

企業さんは「あれもしたい」「これもしたい」という要望をたくさん持っているので、それを全部叶えようとすると混乱してしまいます。なので、「何が一番大事か」「何を達成したら成功とするか」を話し合って決めておくと、よりスムーズにお仕事が進みます。企業さんも、この点に注意して打ち合わせなどをしてくださるととてもありがたいです。

見せたいものが多くあるときや、マニアックな情報を伝えたいときは、ライブ配信が有効です。でも3章で説明した3つのファン層のピラミッドに合わせて、ＰＲ案件も3つのファン層に同時に訴求できるように進めたいときがあります。実は、私自身の経験でもライブ配信だけのＰＲはあまりしたことはありません。ＳＮＳなどを組み合わせることが圧倒的に多いのです。

例えば、ＳＮＳで紹介したリップが気になった人が、ライブ配信でメイク方法を見に来てくれたりとか……、ライブ配信で紹介したアイテムをたまたま見た人が、関連商品を思い出すためにＳＮＳを見に行ってみようなど、どちらにもアクセスしてくれるので、両方にメリットがあるのです。ＳＮＳで紹介したものを、より細かく詳しく紹介できるのもライブ配信のメリット。商品・サービスの「認知」から「購入」するまでのどの部分でライブ配信を使うのかをしっかり決めておくのも賢い手です。

本書も残りわずかになりました。最後に紹介するのがタイアップ。これは企業さんがライブ配信アプリの事業者とタイアップすることで自社の製品・サービスをPRするもの。まだまだ事例は少ないですが、これから盛り上がっていくと思います。また、こうしたタイアップが増えることで、ライブ配信アプリの事業者の収支が安定することは、ライバーにとっても幸せなこと。せっかく人気が出てきたのに、その事業者がライブ配信から撤退なんていうことになったら悲しいですからね。

4000時間を生んだ！ 花王ケープのタイアップ

タイアップとしてはイベントやオーディションをスポンサードするのが一般的です。自社の商品のモデルなどを探しながら商品をPRできるのがメリットでしょう。

ライブ配信アプリの事業者とのお手本のようなタイアップが17LIVE（イチナナ）

での花王の事例です。2019年9月に17LIVEは2周年を迎えるということで、幕張メッセで2000人以上が集まるリアルイベント「超ライブ配信祭」を開催しました。花王は、このイベントをヘアスプレー「ケープ」のプロモーションの場にしたいと、17LIVEに依頼。そこで、どういうプロモーションがいいのか、ライバーに募ったところ、結果的にケープに関するライブ配信が4000時間も生まれたそうです。つまり、4000時間ずっとケープについて語られていたということ。しかも、ケープのアニメーションギフトが70万回も投げられました。なんだか桁が違いすぎて、このプロモーションの効果はすごいとしか言いようがありません……。

ケープを模したアニメーション
ギフト「ケープベイビー」

また、Pocochaでは、いわゆるタイアップ案件ではない、あくまでコラボ企画という位置付けですが、製品の認知拡大のテストを実施したそうです。DeNAの水田さんはその成果を以下のように語りました。

水田　現状は一部のイベントで試験的にタイアップの検証を実施しているところです。直近で面白かったのは、多種多様なデザインが施されたマスクをある企業さんにご提供いただき、特定のイベントでポイントを集めたライバーや視聴者には自宅にそのマスクが届くという企画です。企業さんと一緒に企画を考えたコラボイベントという位置付けになります。いわゆる広告案件ではありません。

コラボイベント企画の肝は、「マスクタイムライン」という特設エリアを、さまざまなデザインのマスクを着けたライバーさんで埋められるようにしたことです。みんなで一体感を演出できたので、とても盛り上がりました。今回はあくまでコラボイベントだったので、マスクして配信したらマスクタイムラインに表示されると言っているだけで、必ずマスクを付けてPR的なライブ配信をしなければいけないというルールはありませんでした。

※2020年1月23日公開の記事から引用・再構成

PRやライブコマースだけでなく、ライバーが自然と身に着けている商品に視聴者は興味を持ちます。ライブ配信では着用している商品について質問されたらすぐに答えられるというメリットもあるので、そこで会話が盛り上がり、さりげなく商品を紹介できますよね。また、多くのライバーが同じマスクを使うことで一体感が生まれた、この点は本当に素晴らしい企画だと思います！

実はマスクタイムラインに触発されて、私も３２１のオリジナルＴシャツを所属のライバーに配りました。すると、ライブ配信中に視聴者がそのＴシャツに反応したことで、新たな会話が生まれたそうです。これによって、３２１という会社が視聴者にも認知され、新規ライバーの獲得にもつながりました！

ミラティブではアバターをうまく利用して企業とタイアップをしています。赤川さんのお話からはすごく将来性を感じました。

赤川　現在はゲーム会社さんにＰＲとして使っていただいているケースが多いですね。例えば、エモモのタイアップ。ゲームのキャラクターのコスチュームを着用できたり、ゲーム内のキャラクターがエモモの身体の周りを動いたりします。例えば、「WAR OF THE VISIONS ファイナルファンタジー ブレイブエクスヴィアス 幻影戦争」とタイアップしていて、「モーグリ」がエモモの周りに登場したり、エモモの着ぐるみとして登場したりしています。最近でもSupercellの提供する『ブロスタ』とコラボしました。

今はゲーム会社とのタイアップが多いのですが、「デジタルアイテムを配る」という観点でタイアップを展開できるので、ゲーム業界に限らず、さまざまな業界ともコラボできると考えています。例えば、可能性としてはアバターが着ている服がユニクロのようなブランドだったり、アバターがコカ・コーラを飲んだりしてもいいわけです。

2020年5月に期間限定で実施したエモモと
『ブロスタ』のコラボ企画。コラボアイテムの「柴犬」が、
エモモの周囲に登場する © 2017 Supercell Oy

※２０１９年12月27日公開の記事から引用・再構成

まだまだライブ配信でＰＲやタイアップを行う企業は少ないので、たくさんの事例を出せず申し訳ないのですが、今後ライブ配信が盛り上がってくるとどんどんタイアップやＰＲ案件が増えてくると思っています。

◇◇◇

最後までお付き合いいただいた皆さん。本当にありがとうございました。ライブ配信はまだ生まれたばかりです。ライバーも試行錯誤しながら配信していますし、ライバーならこの人！　という有名人も登場していません。

企業さんもどういうＰＲが有効なのか手探り状態です。ただ言えるのは、各ライブ配信アプリの熱量がすごいことです。人々のコミュニケーション手段はライブ配信で確実に進歩すると思います。このチャンスをぜひ先駆者として生かしてください。それには

まず、どれでもいいのでライブ配信アプリをインストールして開いて、ライバーたちの
熱量を肌で感じてください！

ゆうこすの目指せプロフェッショナル　特別編

動画、ＣＭ、タレント育成…ライブ配信に役立つお話をプロの皆さんにじっくり聞きました！

Vol.1 明石ガクトさん（ワンメディア代表）
Vol.2 篠原誠さん（クリエイティブディレクター／篠原誠事務所代表）
Vol.3 前田裕二さん（仮想ライブ空間ＳＨＯＷＲＯＯＭ代表）

特別編 Vol.1

明石ガクトさんに聞きました
いい動画とは？ 効くブランディングとは？

プロフェッショナルの紹介

今回インタビューするのは、ミレニアル世代をターゲットに、新しい動画表現を追求したコンテンツを制作している、ワンメディア（ＯＮＥ ＭＥＤＩＡ）代表取締役ＣＥＯの明石ガクトさん。共感を生むストーリーテリングをベースに１５００本以上のスマートフォン向け動画をプロデュース。情報番組やバラエティ番組にもコメンテーターとして出演。主な著書に、『動画の世紀 Ｔｈｅ ＳＴＯＲＹ ＭＡＫＥＲＳ』（写真右、ニューズピックス）がある。

スタイルとそれを貫くスタンスが動画を魅力的にする

ゆうこす　先日、ワンメディアさんにトヨタ自動車さんの「#ありがとう平成」の動画を作っていただきましたが、実は、動画を見たフォロワーから「これ、ワンメディア？」っていうコメントがあったんです。5分以内という短い動画でも、「ワンメディアらしさ」を伝えるポイントみたいなものがあるのかなあと思ったのですが、ブランディングのコツってあるのでしょうか？

明石ガクトさん（以下、明石）　僕はよく社員に、「動画には『スタイル』と『スタンス』が必要」って話をしています。スタイルは、動画の見た目のこと。例えばタイポグラフィー。タイポグラフィーって、テロップのことを業界ではカッコつけてタイポグラフィーって言うんですけど（笑）。周囲の人には、タイポグラフィーや、文字や静止画像などが動く、モーショングラフィックスをたくさん使っているのがワンメディアのスタイルだね、ってよく言われます。

でも、僕ら以外にもタイポグラフィーとモーショングラフィックスを使っている人たちは当然たくさんいます。にもかかわらず、なぜワンメディアっぽい動画だと言っても

動画を構成する２つの要素

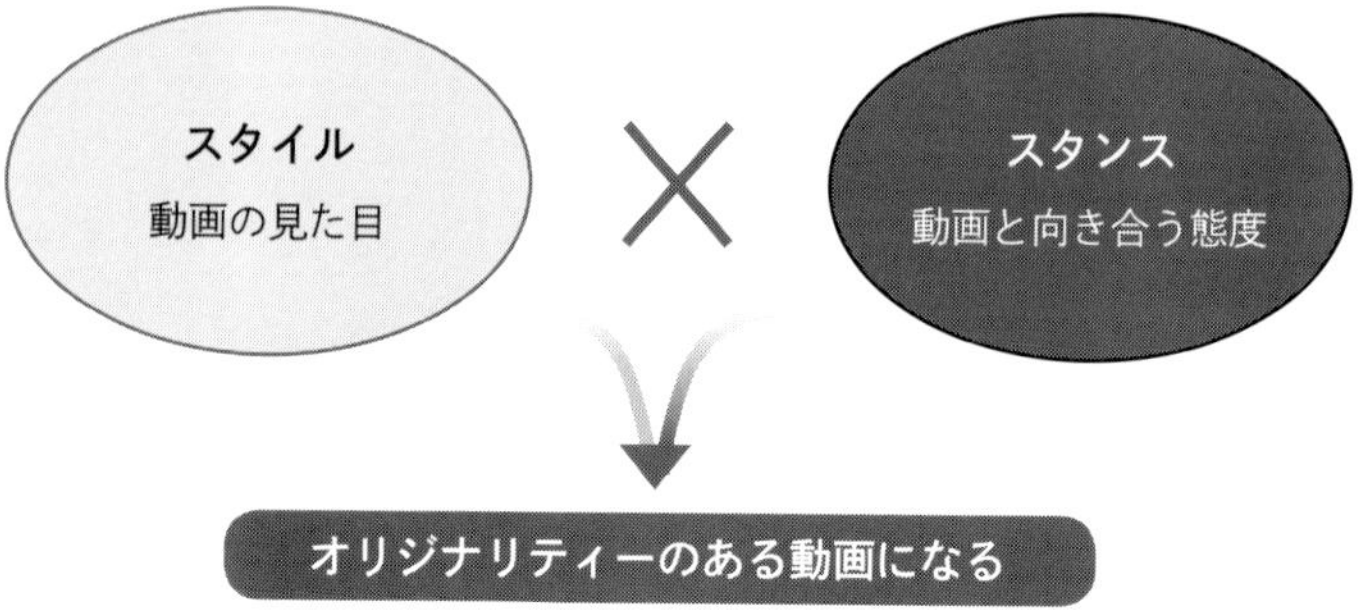

らえるのかというと、スタンスがあるからなんです。動画を作るときに向き合う態度や、どういう立ち位置から何を撮ろうとしているかということを総称して、僕らはスタンスと呼んでいます。

例えばゆうこすさんのライブ配信でいうと、いつもカメラを置いてしゃべっていて、雰囲気や洋服もかわいらしい感じがしますよね。これがスタイルです。一方スタンスは、その日あったことからさまざまなお知らせまで、モテクリエイターとしての立ち位置から発信することですね。

スタイルは、実際の動画を分析・分解して、仕様や設計思想を明らかにするという「リバースエンジニアリング」ができるので、まねされやすいという側面があるのですが、スタンスは分かりづらい。

ゆうこす　確かに……。

明石　例えばワンメディアがゆうこすさんを撮るときも、必ずワンメディアとしてのスタンスがあるわけです。ゆうこすさんは、自分で動画を撮って配信していますが、われわれは「ワンメディアという目線を通して伝えられることって何だろう」ということを考えて、それを念頭に撮影をする。

「じゃあそれはどうやるの？」って思うかもしれませんが、スタンスはそもそも明文化しにくいもの。それ故にまねされづらいんですよ。なので、その人らしい動画とか、誰が見ても「あ、これはあそこが作っているね」と分かってもらえるのは、スタイルとスタンスを掛け合わせて動画をずっと作り続けているからなんですよ。スタイルを作ることと、それを貫くスタンスの2つが合わさって化学反応をさせると、動画のオリジナリティーが生

まれます。

ゆうこす　スタンスは動画を作るときの立ち位置なので、誰にどんな価値というか情報を提供したいかをしっかりと考えておくことが大切なのは分かりました。一方、まねされやすいとはいえ、動画の見た目であるスタイルを決めるのはなかなか大変なんですよね。実は今、ユーチューバーを育てるというプロジェクトをやっていて、その子のスタイルを決めるために、たくさん面談をして、好きな雑誌の切り抜きを毎週日曜日に送ってもらっているんです。私はこの「女性誌切り抜き作戦」でスタイルをプロデュースしているのですが、ガクトさんは、これから動画を作ろうと思っている人はどうやってスタイルを決めていけばいいと思いますか？

明石　スタイルで大切なのは、「伝えたいこと」に準じること。例えば、コスメで動画を作りたい人がいます。その人にスクラップブックを作ってもらったときに、車の雑誌とかの切り抜きばっかりだったら、「全然なじまないじゃないか！」って思いますよね。「何を伝えたいのか」というテーマに合わせてスタイルを決める。

そのときに参考として、自分が取り掛かろうとしているテーマのトピックについて、

すでに制作されている同じ領域の動画やビジュアル表現などを勉強したほうが、スタイルをつかみやすい。まねるのではなく、自分にレファレンスをどんどんためていって、自分という素材とやりたいことを掛け合わせて、（人物や文字などの）動かし方や色づかいなどを考えて動画を作っていくと、何かが出てきます。でも、まねられるんですよね。これは仕方がない。スタイルはまねできてもスタンスが違うので、ちゃんとユーザーには違うものに見えているから大丈夫。スタンスを決してブラさず、スタンスから生まれるスタイルをどんどん作って更新していくことが大事だと思っています。

動画には役割に合った分類がある

ゆうこす　それから最近、いろんな人の動画を見て気になっていることがあって、動画って一番情報や思いが伝わりやすいって言うじゃないですか。最近は企業アカウントでユーチューブの動画配信をしている人も多いと思うのですが、ユーチューバーも企業もファンをつくろうとか、より自分の顧客に商品やブランドを好きになってもらおうという目標でやっているはずなのに、それが全然伝わってこないなって思うことが結構あるんです。ファンを生むような、感情移入や共感のできる動画と、逆にちょっと壁を感じちゃうような動画の決定的な違いって何なのでしょうか……?

明石　ああ、それ⁉　それね～。それなあ～!

ゆうこす　本当に細かい違いがたくさんあると思うんですけど、「決定的な一打!」みたいな。

明石　それな～、どうしようかなあ。あんまりしゃべりたくないいんだよなあ～。

ゆうこす　そこを何とか!　言える範囲でいいので!　全然!

明石　そうだなあ。一口にコンテンツと言っても、細かく分類すると、「インフォメーションとしてのコンテンツ」と、「コミュニケーションとしてのコンテンツ」「ＩＰ（著作物などの知的財産）としてのコンテンツ」と３つの役割に分けられるんですよ。例えば天気予報って、今のインフォメーションとコミュニケーション、ＩＰで言うとどれに当てはまると思いますか？

ゆうこす　インフォメーション！

明石　そう。だけどその天気予報に、すごい愛情を入れるのはちょっと違うじゃないですか（笑）。

ゆうこす　そんな天気予報を想像すると、怖い怖い（笑）。

明石　天気予報に求められているのはインフォメーションですよね。コミュニケーションやＩＰとしての側面は求められてい

インフォメーション	ニュースや天気予報など 情報を伝える役割
コミュニケーション	ライブ配信など視聴者と 気持ちや意見をやり取りする役割
IP（知的財産）	漫画や映像など 著作物としての役割

ないですよね？　ゆうこすさんで言うと、例えばユーチューブとライブ配信でファンとやり取りをしていると思うんですが、これはインフォメーション、コミュニケーション、ＩＰのどれになると思いますか？

ゆうこす　コミュニケーションです。

明石　正解。コミュニケーションは一番愛が伝わりやすいと言えます。ただ、ユーチューブのチャンネルがあったり、いろんな方法で動画を配信していたとしても、インフォメーション、コミュニケーション、ＩＰ、どの目的があるのか企業や人によって違います。従って、すごく愛が伝わる、気持ちが伝わるというのは、すべてにおいてベストではないんですね。

僕らは普段いろんな会社から、「こういうのを動画でやるとどういう感じになりますかね？」って相談されます。「発注してくれよ！」って思うんですけど（笑）。そういうときに今の3つの軸で整理することが多くて、本だったり雑誌だったり、もともと依頼主が持っているコンテンツが、そもそも元はインフォメーション、コミュニケーション、ＩＰのどれなのかを明確にするよう心がけています。動画を作るときは、そこの整理を事前にしておいて、「この動画は何の役割を果たすのか」を考えて作ることが重要だと思います。

ゆうこす　ガクトさん、ありがとうございます。次ページからは動画作りに必要なセンスについてお聞きしたいと思います。よろしくお願いします。

動画制作者に必要なセンスとは？
大切なのはアート・クラフト・サイエンスのバランス

ゆうこす　ガクトさんの著書『動画2・0　VISUAL　STORYTELLING』（幻冬舎）で、「映像業界未経験の若者がいい動画を作る。センスがいい」とおっしゃっていましたよね。私は、ワンメディアさんの動画って、かっこいいし、うまく言葉にできないけれどセンスがいいって思うんですけど、ガクトさんが思うセンスの良さって何ですか？

明石　センスは本当に、難しいですよね。この質問をされたときに僕がいつも例に出すのが、山口周さんの『世界のエリートはなぜ「美意識」を鍛えるのか？　経営における「アート」と「サイエンス」』（光文社新書）という本なのです。山口さんはこの中で、世の中には「アート型」「クラフト型」「サイエンス型」の3種類の人間がいると言っています。どの人が正解というわけではなくて、僕はこの3つのバランスを考えて動画を作れる人が、センスがいいと考えています。

分かりやすく説明すると……。ゆうこすさんが毎日ライブ配信するのはなぜですか？

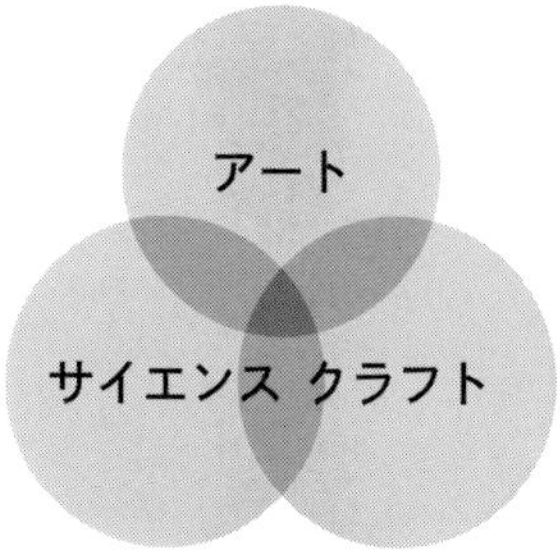

センスのある人は、
3つのバランスを考えて動画を作れる

毎日ライブ配信する時間をユーチューブの動画を作る時間に充てれば、フォロワーとか再生回数が増えるかもしれませんよね？

ゆうこす　うーん。ファンとコミュニケーションが取れるのと、毎日ライブ配信をやっている人がいないから、ですかね。

明石　つまり、サイエンスですね。要は、毎日ライブ配信をしている人がいないから、自分がやれば独自のポジションが取れるというサイエンス的な反応ですね。クラフト的な視点から言えば、ライブ配信は編集しなくていいから、これだったら毎日続けられると思っている、などでしょうか。

ライブ配信のゆうこすさんはサイエンスとクラフトが強いけれど、実は、アートのゆうこすさんもちゃんとといます。でも、声が小さくなっている。要は、サイエンスゆうこすと、クラフトゆうこすと、アートゆうこすがいて、それぞれ3人が裁判をしているんですよ。

　サイエンスゆうこすが「ライブ配信をやっている人がいないから、独自のポジションが取れて、かつファンとのコミュニケーションが毎日取れるからエンゲージメントが強まると思うの！」と言う一方で、クラフトゆうこすが「そうね、ユーチューブの動画を一生懸命作るよりもライブ配信だったら編集がいらなくて楽だからそれは非常にいいアイデアだわ、サイエンスゆうこす！」って言っている。対してアートゆうこすは、「でもユーチューブですてきな動画を作って世界中に広まったらすごくないですか？」と言っていて、サイエンスゆうこすとクラフトゆうこすのほうがしっかりした意見っぽいから、アートゆうこすが反論できなくなっている状態ですね。

特に日本はこの傾向になりがちなのですが、説明しやす

いほうが会社とかでも意見が通りやすいんですよ。

ゆうこす　確かに。結果も想像しやすいですしね。

明石　そうそう。上司も自分も説得しやすい。説明できないし、合理性はないけれど「本当はこれがすごくいいいんだ！」って言えるようなものがアートな判断と言えます。iPhoneがなぜあんなに人気かって、すごい完成度が高かったからです。だから実は、アートなものが世の中を一気にひっくり返したりするわけですよ。

アートを放っておくと、人間の思考はサイエンスとクラフトのほうが合理的に説明できるのでそっちに流れがちになってしまうのですが、そこでガッと踏みとどまって、クラフトとサイエンスともけんかせずに「ちょっとやってみよう！」と行動に移れるバランス感がある人が、僕はセンスがいいと思っています。その力が特に強いと感じるのが、若い人たちなんです。

ゆうこす　そうか！　映像の仕事が未経験だと、手間とかあまり考えずにアートな部分を前面に出そうとするんですね。

明石　ある程度、映像とかテレビの仕事に染まっちゃうと、テレビの中で有効なサイエンスとクラフトがあるんですが、それを何万回も繰り返してきている大人たちは、その一切を無視して切り替えて、新しいことをゼロベースで始めるのが難しかったりするんです。成功例やデータがない中で、最初に一歩を踏み出すのがアートな部分で、ＴｉｋＴｏｋがそうだったように若い人のほうが、新しいところに最初の一歩めを踏み出す、そんな要素を持っている気がするんです。で、結果としてセンスがいい人が多いんじゃないかって感じています。

ゆうこす　今の話を聞くと年上のほうがアートだなって思いました。アートってつまりロックなのかなって。私は、ロックミュージックが好きでよく聴くんですが、昔のアーティストの曲って聴いている人の誰にも共感されないだろうと思う曲ばかりなのに、「でも私はそれが美しいと思う！」と構わずに歌っている作品がたくさんあるのでパンクとかロック精神があるのかなって思いました。

明石　いやいや、それはおじさんが若い頃に書いた曲だからだと思うよ（笑）。

ゆうこす　ああ、そうか（笑）！

明石　僕も37歳になるおじさんですけど、若い感性を失わないようにすごい気を付けています。「あの会社がこうしているから、うちもこうしよう」とか合理的なほうに思考が働きがちなので、そこで「人生すべて逆張り！」って思って、あえて逆なこともしています。合理的に考えると、長髪の社長ってやばいじゃないですか（笑）。こんなビジュアルなのに、しゃべるとまともなことを言っているぞってなってたら、面白いんじゃないかと思うんですよ。

ゆうこす　ギャップモテですね？

明石　これはもうアートかつロックですよ。

ゆうこす　私もロック精神を忘れずに頑張ります。続いては、実際に動画を作ることを考えたときに1人だと限界があるので、チームを結成すると思うのですが、アートかつロックな動画を作るチームを育てる方法について詳しく教えてもらいます！

動画チームを支えるカルチャーフィット

いい動画制作チームには徒弟制度が不可欠？

ゆうこす　SNSでの発信やライブコマース、ユーチューバーの育成などさまざま事業や仕事をこなしていて忙しくて、外部の方に動画の編集をお願いすることも増えています。でも、自分が思い描いている「スタイル」や「スタンス」が伝わらず、思い通りの動画を作れていません。

また、普段私は自宅で動画を撮影することが多く、マネージャーさんがデータをハードディスクに入れて外部の方に渡してくれるので、あまり外部の方と会っていません。やはりスタンスを共有するには、常に会っていることが大切で、動画制作がうまくいっていない原因はそこにもあるのかなと思ったのですが、いかがでしょうか？

明石　そうですね。少なからず関係していると思います。

「ディレクション」という言葉があるのですが、ディレクションというのは、「導いていく」という意味で、映像でも広告やテレビの世界と同様に、「ディレクター」という役職の人がいます。実は動画の編集作業だけをする人は、ディレクターではありません。

そういう人は「エディター」と呼ばれます。

基本、ディレクターが「これはこういう感じでやろう」という指示をエディターに伝えて、エディターが編集作業を担当します。制作会社によっては、さらにディレクター陣を束ねる上位の役職があって、これを「クリエイティブディレクター」と呼びます。CDと略されることが多いです。

ワンメディアでいうと、動画の制作に携わる人は30人近くいますが、CDは現在、2人しかいません。1人のCDが2人のディレクターに指示を出し、その2人のディレクターが4人のエディターに指示を出す、ということを繰り返して凝った動画が出来上がります。

ゆうこす　なるほど……。

明石　このとき、スタンスはCDがもちろん一番意識しているのですが、その次はディレクターで、エディターになるとスタイルは分かっているけれどスタンスはあまり分からないことも増えてきます。

ゆうこすさんは、言ってみれば「ゆうこすモテチャンネル」のCDじゃないですか。

なので、外部の方にディレクターとしてスタンスやスタイルなど、さまざまなことをくみ取ってもらうためには、結構一緒にいないと分かってもらえない。今はゆうこすさんのことをあまり分かっていないエディターに発注している感じです。編集自体はできるのですが、魂が入っていない感じがするのかもしれません。

ゆうこす　確かに。私のスタンスを理解してくれるディレクターを育てるには長い時間一緒にいて、さまざまなことを共有していかないとダメなんですね。

明石　最初は自分が想像していた動画と違うものが出来上がると思います。それに対して「これはもっと、こういう感じにして、タイミングはこう

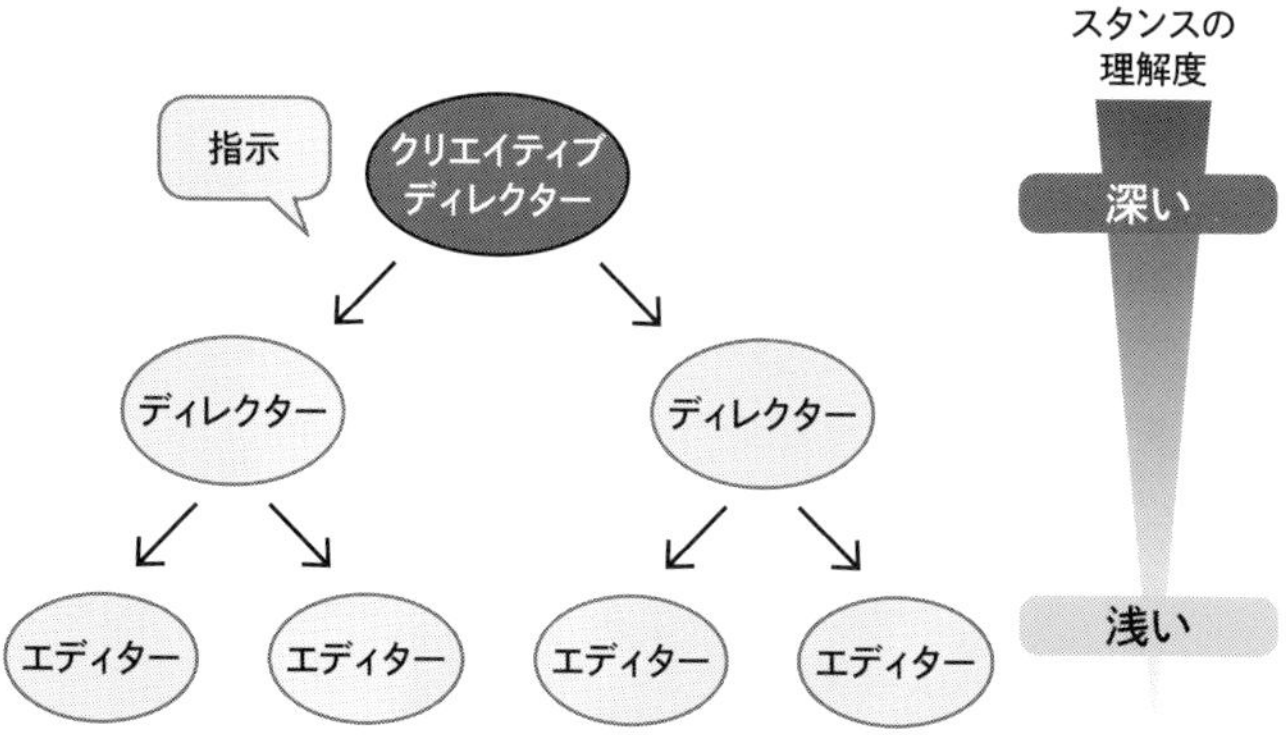

して」みたいなことを、言い続けるしかありません。すると「（ゆうこすさんなら）ここはこうするよね」というように外部の方も分かってくる。これが映像産業が徒弟制度と言われるゆえんで、「親方の背中を見て覚えなさい」みたいな……。今のところこれを効率良くやれる工夫はありませんね。

唯一あるとしたら、テンプレートを作ること。「最初はここにゆうこすさんのこういう顔が入って、タイトルはこんな感じで、『はい、ゆうこすちゃんねるをご覧の皆さん！』で始まる」とかですね。これは決まりごとだから簡単に作れると思いますが、でもそれはすでにやっていているんですよね？

ゆうこす　そうですね。テンプレートは試しています。

明石　そのうえで何かが違うというのは、やはり外部の

方との関係性なのかと。だから、今編集作業をお願いしている方をディレクターとしても育てるか、ゆうこすさんと外部の方（＝エディター）の間に入るディレクターを新たに育てたほうがいいと思います。

「カルチャーフィット」の見極めが重要

ゆうこす　実は編集作業をお願いする外部の方をツイッターなどで募集したら200人くらいの応募があって、実際に編集をしてもらいました。フィードバックを繰り返しながら、1年間くらい動画制作をしてもらっています。でも、「女性誌とか分かりません」というタイプの人だったので、女性誌を送ったり、テンプレートを作ってお渡ししているのですが、コスメに対しての知識があまりないために、映したいところとかが違ってしまって、やはり全部私が手を入れて……。

明石　いわゆる「カルチャーフィット」しているかどうかですよね。ワンメディアのカルチャーに近い方であればワンメディアのスタンスが理解しやすいわけです。別のものに例えるとすると、お酒造りする人のことを「杜氏（とうじ）」と言いますが、お酒がまったく飲めない人でもお酒は造れます。発酵は化学なので、温度などの数字などを見ていれば、お酒はまったく飲めなくても完成させることはできます。でも、すごくお酒が好きな人が造ったお酒のほうがおいしそうに感じませんか？

ゆうこす　確かに！

明石　そう。だから、言われた指示を完璧にこなせる人よりも、すごくコスメが好きで、例えば「このクリスマスコフレがすごくかわいい！」と言えるメンタリティーを持っている人かどうかって、すごく動画に出てしまう。楽しんで愛を持ってやっているかどうかが動画で伝わってしまうので、カルチャーフィットするかどうかという基準で外部の方を選んだほうがいいんじゃないかなと思いますね。

ゆうこす　一緒に組む外部の方は、動画編集がプロのようにうまいことも大事ですが、その人の好きな映画とかお笑い芸人とかを聞くのも大事なのかもしれませんね。相棒探しではないですけれど（笑）。

明石　相棒探しは大事だと僕は思っていて、編集のスキルや知識は、極論すればやっていれば身に付くものなんですよ。けど、本来好きじゃないものや興味のないものを好きにさせたり興味を持たせるのは、とても大変なことです。

ゆうこす　好きじゃないものを作らされていたら、絶対すごくつらいですよ。

明石　好きなものやカルチャーフィットするかということを調べてディレクターやエディター選びをしたほうがいいと思います。でも、難しい。「コスメ大好きな動画エディター志望集まれ！」と招集をかけても、それはそれで集まると思いますが、本当に何にもできない人が集まったりしますよね。

ゆうこす　実は最近、動画編集者募集のやり方をちょっと変えたいなって思って呼びかけたのですが、そしたらやはり「動画編集はやったことないけどやりたいです！」って人がたくさん来て、「え～!?」みたいな（苦笑）。

明石　そうそう、そこが難しいところです。だから動画をやりたいと思っている人たちに言いたいのは、今のうちに動画をやろうとしている人たちとたくさん友だちになったほうがいいかもしれないということですね。

僕が会社を作り始めたときはカメラもすごく高くて、自分で編集するにはパソコンが必要になるから制作会社に就職しないとスキルが上がらなかったけれど、今はカメラもパソコンも安いし性能がいいので、みんな成長が速いですよ。だから、今日友だちになった人が1年後は編集能力が格段に上がっていることだってあるわけです。

ゆうこす　動画編集では、自分のことを知ってくれている人がいいということでしたが、自分のことを大好きでいてくれるファ

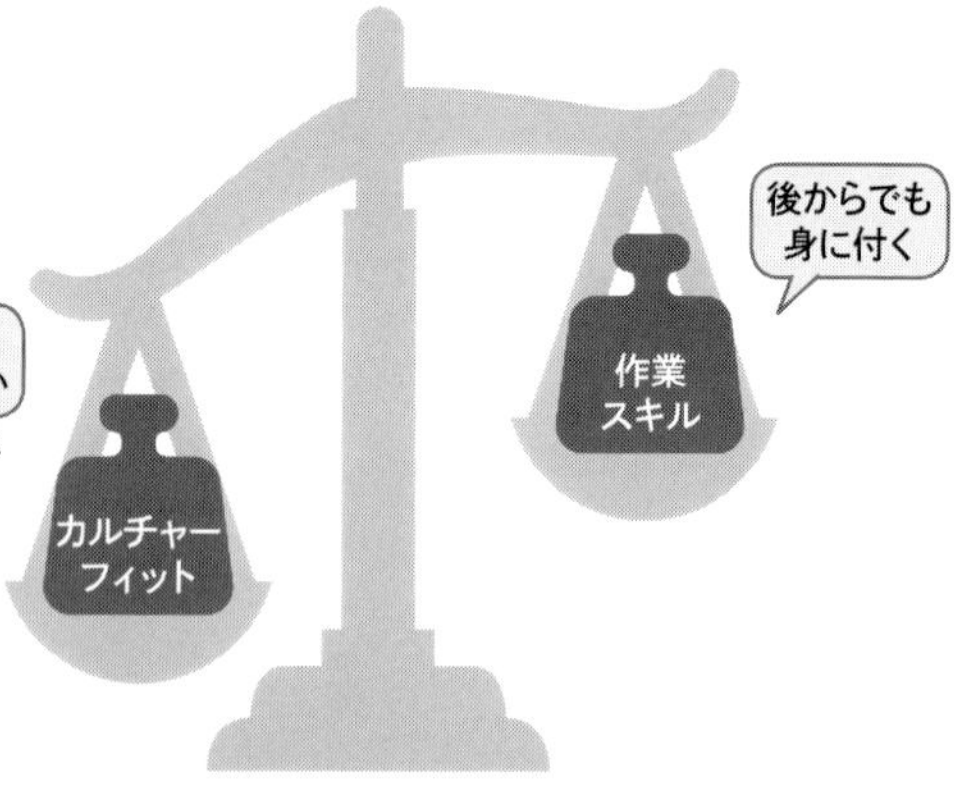

カルチャーフィットを見極めて組む人を決める

ンに動画の編集を頼むのはどうなのでしょうか？　ガクトさんのことが大好きで「入りたいです、ファンです！」という人がいらっしゃるんじゃないかなと思うのですが。

明石　たくさんいますが、なかなか面接までは進みませんね。ファンを入れてもいいかということに関しては、はるか昔に日本の能の業界で答えが出ています。能の世界に、「(弟子は)師匠を見るのではなく、師匠の見ているほうを見る」という言葉がありまして、弟子は師匠の考え方や価値観を共有することが大切という意味です。ファンの多くは、「ゆうこすを見る」なんですよ。一緒に何かを作るには、「ゆうこすの見ているほう」を見なきゃいけない。

ゆうこす　うわ、今すごく腑（ふ）に落ちました。能の世界でそんなことが……！

明石　大事なのは、一緒に作れる仲間になれるかどうかなので、ゆうこすさんが「こういうふうに動画を作って、自分に自信が持てる女の子が増えるといいよね？」というビジョンに共感する人を増やして、そういう人を採用したほうがいいですよ。

ゆうこす　最近ユーチューブを見ていて思うのですが、ユーチューバーはファンが増えて人気が出てくると、活動を休止することが多いと感じています。私は「なんで？　ファンが待っているんだから配信すればいいのに。楽しくなくなったのかな？」と思っていたのですが、いざ自分が配信をしてみると、やはり自分も一時期、配信ができなくて活動を休止してしまいました。応援されるユーチューバーになるためには継続が必要で、でも自分1人で企画も考えて演者もして撮影もしなければならないわけで……。

つまり、全部を自分1人でやっていて、24時間営業のカスタマーセンターも請け負っている、という状況ですよね。プラス、ユーチューブだけでは寂しいとファンに言われて、ツイッターやインスタグラムでも情報を発信するとなると、精神的な負荷が大きく、ユーチューバーってチームで動いたほうがいいと思ったんです。

明石　超同感です。米国や最近の日本でも、だんだんチーム型になっています。

ゆうこす　えっ、そうなんですか!?　私、遅っ！

明石　本当にトップクラスの人だけですが、明らかにチームでやる人たちが増えている。チームに限らず、それこそユニットになっているところもたくさんあります。1人で画面に出る役を引き受け続けるのは大変だし、1人で編集し続けるのも大変。作り手も出る側も、だんだんチームになっていくっていう流れになるのではと僕は踏んでいます。しかし、すぐにチーム組めるのかっていうと、そうではないですよね。

ゆうこす　必死に（チームを）作ろうとしているのです

が、なかなか作れません……。

明石　テキストコンテンツと動画の違いはそこかなと思っていて、テキストコンテンツってそれなりのノートパソコンがあれば、場所は関係なく作れてしまう。対して動画は、出演する人を探し、撮影してそれをハイスペックなパソコンで編集するので、規模がどうしても大きくなってしまいます。それゆえ、チーム作りのハードルは高いと思います。実は、ワンメディアとしてはチームを作る手伝い、というかゆうこすさんのような若手の動画クリエイターがデジタルスクリーンで活躍できる仕組み作りを支援する事業も今後はやっていきたいと思っています。

ゆうこす　えっ、本当ですか⁉　その瞬間、私もう滑り込む勢いでお願いしに行きますよ⁉

明石　チーム作りで難しいのは、前半でも言いましたが、より大きな目的やビジョンを掲げないと人が集まらないことです。例えば、ゆうこすさんの著書を見て、「ゆうこすさんかわいい〜！」という人ではなく、「人生諦めてもうダメだと思ったけれど、頑張れば道は開けるんだ！　こういう人を増やすとすごく楽しいよね」みたいな思想で共感する人のほうが、チーム作りとしては正解です。

ゆうこす　分かりました。チーム作りにすごく悩んでいたのですが、ちょっと方向性が見えてきました！　今後のチーム作りにすごく生かせそうです！　ありがとうございました。

特別編 Vol.2

篠原誠さんに聞きました ずばり「伝えるコツ」とは？

プロフェッショナルの紹介

今回インタビューしたのは、ＣＭ好感度ランキングで1位を獲得し続けるａｕの「三太郎シリーズ」や、「ＵＱモバイル」、「家庭教師のトライ」などの有名ＣＭを手掛ける篠原誠さん。大学卒業後、電通へ入社。２０１８年に「篠原誠事務所」を設立して、ＣＭだけでなく作詞やドラマの脚本なども手掛けている。

好きな人からのメッセージは伝わる

ゆうこす　私は企業からのPR案件を受けたり、自分で広告を出すようにもなったのですが、視聴者にどうすればうまく伝えられるのかなど、見せ方に悩んでいます。そこで今回は、篠原さんにいろんなことを学ばせていただきたいと思っています！　まずは、篠原さんの経歴や手掛けられたお仕事などについて教えていただけますか？

篠原誠さん（以下、篠原）　私は1年前まで、電通のクリエイティブディレクターでした。クリエイティブディレクターは、企画を立てるCMプランナーや、キャッチコピーを考えるコピーライターを束ねる監督みたいなものですね。私はコピーライター兼CMプランナーでもあるので、自分でCMを企画する場合と、自分の下にチームを作って、ディレクションだけをする場合があります。今はauの「三太郎シリーズ」「意識高すぎ！　高杉くん」「UQモバイル」、イケメン5人が登場する花王の「アタックZERO」や、「家庭教師のトライ」などの広告を担当しています。

ゆうこす　すごい。知っているCMばかりです。auの「三太郎シリーズ」はCM好感度ランキングで4年連続1位ですよね？

篠原　正直、こんなことになるとは思ってなかったのですが（笑）。ほかには、「トヨタイムズ」、キリンビールの「一番搾り」、WOWOW、JTなども担当していますが、CMだけではなく、ドラマの脚本を執筆したり、CMソングの作詞もしています。浦島太郎が歌う「海の声」などですね。

ゆうこす　私は普段、ユーチューブで動画をアップしているのですが、その動画は15分ほどの尺で作っています。ところが、篠原さんが制作されているテレビCMは、その時間の1／60にあたる15秒ほどです。私は、15秒の動画を作ったことがないので、全く想像ができないのですが、その15秒の動画の中で、人々を楽しませるコンテンツを作る楽しさや難しさは何でしょうか？

篠原　15秒や30秒と尺が短い映像とはいえ、視聴者の多くは、CMをテレビ番組本編の間に挟まっている邪魔なモノだと思っています。ユーチューブのように能動的に見に来ている人たちはほとんどいません。そこで大切にしているのが「共感」です。

例えば、自分の好きな人が「今日という日は今日しかないんだよ」と言ったら、「あぁ、なんか良いこと言うなあ」と思いますよね。しかし、好きでもなんでもない人が同じことを言うと「そんなの当たり前だよ」となるはずです。好きになってもらってからメッセージを届けると相手に受け入れてもらえやすいんです。だから、早い段階で「好感」を持ってもらうように意識しています。そして好感を生むポイントとなるのが、共感です。共感をいかに短い尺の中で生むかが、難しくもあり、楽しいところでもあります。

共感を生むのは「面白い」「かっこいい」「美しい」など、単純なことからです。例えば、発信者側がかっこいいと思う映像を流し、それを見た人が「かっこいい」と思った時点で共感は生まれます。両者が同じことを感じると共感が生まれるのです。同じ映画を見た感想を話しているときに、泣くポイントや面白いと思ったシーンが同じだと、共感して好感を生みますよね。感じる気持ちの喜怒哀楽は何でもよいのですが、同じところで同じ感情を生むポイントを作ると、共感が生まれて好感が生まれます。ちなみに、一番分かりやすくて手っ取り早い共感を生む手法の1つが、有名人の起用です。メジャーでかっこいいとされている人や面白い人は、その人が出演するだけで視聴者が同じ印象を持つので、共感を生みやすくなるのです。

次に大切なのが伝えるメッセージを1つに絞ることです。クライアントはさまざまな情報を詰め込みたがります。でも共感のポイントを作ったうえで、1つのメッセージを15秒の中でしっかり届けることが大切です。

大都会・東京はマスではない⁉

ゆうこす　テレビもインターネットも全国規模だと思いますが、場所によって感覚が違いませんか？　私は福岡県出身ですが、東京と地元では感覚が違う気がします。篠原さんは、都会や地方などを意識してCMを作られているのでしょうか？

篠原　広告はその名の通り「広く告げる」マスコミュニケーションです。いかに人口の大部分の感覚に触るか、ちゃんと気持ちをつかまえられるかが大切なので、とても意識しています。実は、僕がマスだと思っているのは、東京以外です。都会と田舎ではなく、東京とそれ以外に分けています。東京はなぜか特別で、そのほかの地域はゆったりしているし、おおらかだと思います。例えば、地方の結婚式で、旬のギャグをやったとしても、みんな「〇〇ちゃんおもろいなあ」となりますが、東京では、そういう風景はあま

りお目にかかれない。
東京はとがった表現やシュールなものも喜ばれますが、東京以外の地域では「分からない」とかになってしまうことが多い。逆にベタなものは東京では「なんかダサいね」と思われがちな気がします。もちろん程度はありますが。東京の人口は、日本の総人口約1億2000万の2割にも満たないので、マスではないと思って除外して考えています。

何を視聴者の中に残すかを決める

ゆうこす　すごい考え方ですね。それから先ほど、伝えたいメッセージを1つに絞るというお話がありました。でもPR案件だと結構難しいと思います。私もクライアントが一番伝えたいことを聞き出すなどしているのですが絞るのに苦労しています。

篠原　例えば商品を広告するときで考えてみましょう。商品がその時点で持っている世の中への知名度などの実力や状況などによって、アプローチが変わります。人が商品の購入にいたるまでにはいくつか段階があり、一番初めに「認知」があって、「興味」「購入意向」と進んで、最後に「購入」となります。その間に「サーチ」という調べる行為が入ることもありますが、4つのフェーズのうち、その商品のネックになっているのが何かをまず聞きます。10人に1人しか知られていない場合は「認知」がネックになっているので、まず周知させるための企画を考えます。名前を連呼するとか……、でも近頃はテレビCMのルールが厳しくなって、続けて3回以上連呼してはいけないとかありますけどね。

ゆうこす　じゃあ、AKB48の「会いたかった〜」はギ

リですよね？

篠原　それは商品名ではなく単語とか歌詞だから大丈夫です（笑）。ネーミング訴求でいうと、例えばUQモバイルのCM。「チャ〜ラララ、ユッキュ」はネーミングですね。企画した当時、「〇〇モバイル」は世の中にあふれていて、イオンモバイル……「イオン、知ってる」、LINEモバイル……「うん、LINE知ってる」と。ところがUQモバイル……「UQ？」とそこまで認知がありませんでした。だから、まずはUQを周知させないといけないと考えました。

そのうえで、あのCMで狙っていたのは、「〇〇モバイル」の中でワイモバイルと2強になることです。2強に見えるためにはどうしたらいいか考えたときに、当時のワイモバイルは、UQモバイルと同じような料金体系だったので、「スマホ1980円。UQモバイルだぞ」と、「だぞ」だけワイモバイルと区別して付けました。すると、ワイモバイルも同じことを言ってるから、同じようなサービスなのだなと感じてくれました。

加えて「あのなんか3姉妹のきれいなCM何だっけ」…「ユッキュ！」…「そうだ、UQだ」って言って広まっていきました。「ユッキュ」という言葉がメジャーになり、ワイモバイルと同じことを言っているから、なんとなく格安スマホといったら、ワイモバイルとＵＱモバイルの2強に見えるようになったのです。「ユッキュ」というネーミングの周知に絞ったからできたことです。

ゆうこす　ちなみに、「三太郎シリーズ」はどこにネックがあったのでしょうか？

篠原　三太郎シリーズは少し特殊なケースで、ブランド広告なんです。現在、ｉＰｈｏｎｅはａｕ、ドコモ、ソフトバンクのどこでも、扱えるようになっています。そのとき、世の中の人は、3キャリアに対してほぼほぼ同じだと思うようになった。通信料もつながりやすさもほぼ同じだと思い始めた。そんなふうにあまり差がないと思ったときに、人は「なんとなく好き」を選択基準にします。特に今の若い人たちがそうです。

私たちのような年代の人は、機能や性能の違いなどの差別化ポイントが気になります。例えば、Ｓ－ＶＨＳ再生が付いているか付いていないか……。Ｓ－ＶＨＳ再生が何かも分からないけれども、同じ値段なら付いているほうにしようかなと思うんです。使うかどうか分からない機能でも付いているほうを選んでしまう。でも、今の若い人は、そんな差よりもなんとなく好きやこれを持っている自分が好きというポイントで選ぶ。

そこでまず、ａｕ、ドコモ、ソフトバンクの中で「なんとなく好き」になってもらわなければならないと思いました。じゃあその中でそれぞれのキャリアがどんなイメージで見られていたかというと、2社は「安心」とか「とがってて、面白い」だったと思います。auはというと「オレンジ色」とか、「2番かな」とか、ブランドイメージが確立されていなかった。auを好きになってもらうにはどんなイメージがいいのかなと思ったときに、「おも（しろ）かわいい」存在になれないかと思ったんです。

立食パーティーで、盛り上がっているテーブルがあったりしますよね。そこに行くと、別に偉い人やかっこいい人、賢い人がいるわけでもなく、「おもかわいい」人がいる。つまり、出川哲朗さんや、鈴木奈々さんみたいな人がいると盛り上がるんです。いじっていじられて面白いみたいな。カラオケはうまくないけど連れて行くと盛り上がる人ですね。そういう立ち位置の人が、一番みんなからの好感度が高い。2015、16年当時は、「おもかわいい」存在がウケると思い、そんなイメージにauが見られるような広告ができないかなと考えたのが「三太郎シリーズ」の企画だったのです。

なので、何かを伝えるためというよりは、あのCMでちょっとわちゃわちゃして「おもかわいい」存在にみえると、共感が生まれて、なんとなく前よりは好きという人が増えるのではないか、そうしたら選ぶ人が増えるのではないかと思ったのです。

ゆうこす　確かに、最近のａｕはポップでオシャレ。イケてるイメージがあります。

篠原　三太郎シリーズの事例はちょっと変わっているのですが、ただ、通信キャリアや車などの広告は、ＣＭ１本の面白さではなく、ああいったブランド広告でないとあまり機能しない時代なのだと思います。

ゆうこす　ずっと使うものですしね。

篠原　ずっと使うものだし、車とか家は高いものだから「面白い広告だからここにするよ」とはなりません。だからすごく難しいですね。

ゆうこす　たくさんのお話、ありがとうございました。

「制約」がアイデアを生む
広告は認知度で起用タレントを決めることが多い

ゆうこす　ここ数年でユーチューバーやインフルエンサーが台頭してきましたが、CMを作る側として、彼らのような存在をどう見ているのか気になります。私は今までにいくつかCMに出演しましたが、ネット中心のユーチューバーなどを起用しているケースをあまり見たことがなくて……。制作側から見ると、ユーチューバーやインフルエンサーはCMに使いにくいのでしょうか?

篠原　確かに、見かけるのはHIKAKINさんくらいですかね。

ゆうこす　女性のユーチューバーやインフルエンサーは特に見たことがありません。

篠原　使いづらいというわけではないと思います。テレビは赤ちゃんからお年寄りまで、性別関係なく広く触れるマスメディアです。80～90%の人にリーチ(到達)できるメディアなので、認知率がとても重要です。

例えば、CMに出演する人を選ぶとき「20代だけによく知られている人」を採用するのは少しもったいないです。先ほど、「テレビCMで好感や共感を生むためには有名な人を使う」という考え方があると言いましたが、「20代の女性でファッションに敏感な人」だけが知っている人物をテレビで起用しても、大部分の人には知らない人が出ているということになります。つまり、大部分の人に共感や好感が生まれず、CMのパワーが弱くなってしまいます。ゆうこすさんやHIKAKINさんはすでに一部のターゲットではなく、マスに当たる大部分の人たちにも知られているので、CM出演を提案しても通りやすいのだと思います。

ゆうこす　うれしいですね。有名な芸人の方が「ユーチューバーの何が面白いんや！」とおっしゃっていることがあったので、テレビ局の方々に私たちは嫌われていると思っていました。もっと認知度を上げるために、NHKの朝ドラに出られるように頑張ります！

篠原　民放のテレビ業界は広告収入モデルなので、メディアと広告って業界が近いように見えますが、結構違います。広告業界はユーチューバーを避けていませんし、今やテレビだけで成立するプロモーションを考えていません。ネットやPRもすべて、どうすれば一番波及するかを重視するので、ユーチューバーやインフルエンサーの方々はむしろ、協力してもらう相手だと思っています。

今後は「売り子エージェンシー」が必ず来る!?

ゆうこす　ネットにもマスメディアにも対応できるユーチューバーやインフルエンサーがいたほうがいいですよね。私、個人事務所を経営していて、今後は育成に力を入れようと思っていて、ライバー育成の会社を新たに設立しようと思っています。

篠原　分社化ですね。何人くらい所属していますか?

ゆうこす　800人くらいになりました。今は人数を増

やして、その後はＵＵＵＭ（ウーム）さんのような形でスターを生み出せたらと思っています。

篠原　それはすごい！　私はライブ配信の「売り子事業」に注目をしています。例えば、ＳＨＩＢＵＹＡ１０９渋谷などアパレルの売り子さんって特殊技術を持っているじゃないですか。売るという才能。でも、その能力は周囲に知られていないからなかなか流通しない。そんな人たちを集めて、ネット販売での売り子ビジネス――売り子エージェンシーをやったら、今すごくニーズがあるなぁと思っていて、でもどうすればいいかなと考えていたのですが、すでに売り子エージェンシーがありましたね（笑）。

ゆうこす　３年くらい前に中国でライブコマースが爆発的にはやって、日本にもその波が来たのですが、最初はどの企業も芸能人に台本を用意して「この商品ここがいいんです！」って言ってもらう形でした。でも私は、家電量販店やアパレルの店員がやるべきだと思い、アパレル店員を１人見つけて、その子を育てたらユーチューブのチャンネル登録者数が１万人から10万人以上になったのです。その子が紹介した商品が毎回売り切れるという現象が起き、「スターを生み出した！」と思いましたね。

篠原　まさしく、売り子エージェンシーだ！（笑）

ゆうこす　まだスターはその子だけですけど……。

篠原　じゃあ、その８００人のスターライバー候補生の中から、マスメディアでもネットでも活躍する新しいタイプの人が出てくるわけですね。

広告は準備に準備を重ねて、検証して、失敗したら修正して――というリカバリーができるので、15秒のＣＭをつくるときに、「今から撮ります！」「パン！」「ＯＫ！」「撮り直しナシ！」とは絶対にならない。でもライブ配信って、そのままじゃないですか。編集もされないし、今話した内容の取り消しもできない。でも配信中は人を傷つけるようなこととか、言ってはいけないこともありますよね？

ゆうこす　もちろんです。実はスキンケアブランドを立ち上げたのですが、コスメだと法律にも配慮しなければならなくて……。

最近は「ライブ配信で商品を紹介してください」というＰＲ案件をいただくようにな

ったのですが、NGワードと商品名、発売日、価格を書いたカンペをカメラの横に置いてもらって話すようにしています。できればノウハウというか、日本人がなじむようなライブ配信のテンプレみたいなものをつくりたいと思っているのですが、私だけではテンプレの数が少ないので試行錯誤しつつ頑張っています。

篠原　ありますよね、メソッドみたいなものが。CMでもユーチューバーのメソッドを使ったりしてますよ。

ゆうこす　SK-IIとかチキンラーメンがそうですよね。

篠原　「家庭教師のトライ」にも、(『アルプスの少女ハイジ』のクララの父である）ゼーゼマンっていうキャラクターが「はーい、どうもゼーゼマンでーす」で始まるユーチューバーのフォーマットを使ったCMがあります。

前回、伝えたいメッセージは1つに絞ったほうがいいと話しましたが、どうしても情報を詰め込むときには、ユーチューバーのフォーマットだと嫌みなく詰め込めます。ゼーゼマンは、トライの訴求ポイントを30秒間に5個くらい言っています。実はこのCM、すごく視聴者のリアクションがいいんです。ライブ配信でも視聴者に響くフォーマットが確立するのではないでしょうか。

「制約」をかけると楽しみながらアイデアを生み出せる

ゆうこす　実は、篠原さんのCMを見て気づいたことがあります。例えば、ある作曲家が作る曲は、歌い手が違っても曲調だけで誰が作ったか分かるケースがあると思うのですが、篠原さんの場合は「え、これも!?」というものが多くて。CMによって全然カラーが違うというか、その時代に合った広告を作られているので、独自のアイデアや発想法などがあるのかなと思ったのですが……。

篠原　アイデアに行き詰まったときは、「制約をかける」方法をよく使います。例えば「この水の広告を考えてください」って言われたら黙り込んでしまいますよね。でも「タクシーの中でのシーンで考えてください」と制約がかかると考えやすくなりませんか？他にも「看護師の愚痴編」とか「エレベーター編」とか、題名を決めてから考えると面白い企画が思いつきますよ。

ゆうこす　確かに！　制約があると考えるのが楽しくなります！

篠原　「今日は絶対正面向いて話さない」と制約をかけると「でも鏡使ってもいいんだよね？」とか、人はいろいろなことを考え始めます。脳は自由なときが一番アイデアを生み出しにくい。「制約」や「条件」と聞くと嫌な感じがしますが、広告の場合はアイデアが出やすくなるんです。我流ですけど……。

ゆうこす　実は育成中のライバーで自分の方向性に悩んでいる子がいます。今いる有名なインフルエンサーのやり方をたどることしか考えられない子は多いんです。だから、全然業界の違う人と話して、「制約」をかけながら方向性を決めていくのが面白そうだなと思いました。

今後のCMはテレビとネット両方で使えるものに

ゆうこす　今後、テレビCMはどのように進化していくのか気になっています。というのも、若者のテレビ離れが進んでいるといわれていて、CMも今後変わっていくのかなって思っています。篠原さんはどうお考えですか？

篠原　テレビの時代が終わってネットの時代になるといわれていますが、私は、今まで絶対的な力を持ったテレビというメディアが弱くなっているだけで、テレビに取って代わるような強大なメディアが新たに生まれるわけではないと思っています。

テレビってすごいメディアで、例えばわずか5局に20億円かけて何かを放送すると、日本の80％近くにリーチできます。仮にこの20億をネットメディアにばらまいたとしても、80％の人には届きません。今まで台頭していたとんでもないテレビメディアが徐々に弱くなっている状態にすぎないので、ネットとの有効な組み合わせを考える必要があります。

また、ネットのおかげでCMが視聴者によく響くようになったという側面もあります。今までアカペラで歌っていたのが、エコーが効くマイクで歌っている感覚です。面白い

CMだったら、わんわんと響き渡って、SNSで拡散されて、それをネットで見る――数回しか放送していないのに、数億円かけたような反響が生まれることもあります。

CMの企画の幅も広がっていますので、作り手からするとラッキーな時代になりました。例えば、今はボケっぱなしのCMでもOK。視聴者の間で「どういうこと？」「訳分かんないよね」って突っ込みが生まれて「こういう意味だよ」ってネットで答え合わせをする現象も起きています。

ゆうこす　先ほどお話ししていた、「認知」から「購入」に至るフェーズの「サーチ」にがっつり持っていくということですね。

篠原　そうなんです！　作り手からすると、いろんな手段や手法が増えたので、やりやすくなりました。ただ、テレビ用に作ったCMを、そのままユーチューブにアップしても効かない場合があるので、この点は難しいですね。どちらでも使えるような動画があるのかどうかは、これから開発しないといけないと思っています。

というのも、テレビとネットでは何かを見るときの視聴態度がまったく違うんです。テレビは当然のように広告が挟まっていたので、邪魔なものとはいえそこまで邪険にされない。ところがネットは、もともとなかったところに広告が入っているので、ユーチューブで動画を見るときは、カウントダウンしていますよね。「5、4、3、2、1、ああ、飛ばせる」とか、スキップできるかできないかを気にしていると思います。

ネットの場合はマイナスなところから広告に触れることになるので、作り方が違うんです。そこはむしろ、ゆうこすさんとかライバー、ユーチューバーの人たちが得意な分野だと思うので、邪魔に思われない、むしろそれをコンテンツとして成立させる技術を開発して、コソッと教えてほしいと思っています。

ゆうこす　今回はためになる話をありがとうございました。アイデアの発想法などは、面談時に取り入れていこうと思います！

特別編 Vol.3

前田裕二さんに聞きました 人気の配信者になるには？

プロフェッショナルの紹介

今回インタビューしたのは、仮想ライブ空間SHOWROOMを運営する同社の代表・前田裕二さん。SHOWROOMは現役のアイドルやアーティストに加えて、アイドルになりたいといった夢を持つ一般人も配信者になれる。視聴者は課金アイテムを自分が応援する配信者にギフティングすることで、そのライバーを応援する。「ルーム」と呼ばれる配信者の空間を訪れると、視聴者はアバターを通じてコメントでやり取りができる。

SHOWROOMは「夢」を叶える場所

ゆうこす　本日はSHOWROOMやライブ配信について教えていただければと思います。SHOWROOMは、2018年あたりから女性の視聴者が増加しましたよね？最初、登録している配信者は女性アイドルが多く、最近は2019年2月にジャニーズ事務所から初の「バーチャルアイドル」が誕生したり、カラオケ機能が追加されたり、ライブコマースが始まったり、今は幅広い人が配信者や視聴者になっている印象があります。

前田裕二さん（以下、前田）　確かに直近は、男女比がもともとの8対2から7対3や6対4に向かっていて、視聴者も40～50代が多かったけど、年齢は若くなりました。最近は25～34歳がメインですね。登録配信者もやはり女性が多い。でも、最近は雑誌ジュノンの男性モデルや吉本興業の男性配信者など、男性の配信者も増えてきています。アプリのダウンロード数も500万を突破しました。

ゆうこす　私はさまざまなアプリやサービスでライブを配信していますが、SHOWR

ＯＯＭはほかのアプリやサービスとどこが違うのか教えてください！

前田　ＳＨＯＷＲＯＯＭのようなギフティング型のライブ配信は、「経済的な対価をモチベーションとするか」「自身の夢の追求をモチベーションとするか」の２つに分かれると思います。芸能界で人気者・スターになりたい人にとっては、ＳＨＯＷＲＯＯＭは最適な場所。芸能界とのつながりもあるし、そもそも芸能界へ押し上げてあげたいと思っている視聴者がたくさんいるから、本気で夢を叶えたいと思っている人が応援されやすい。

ゆうこす　確かにＳＨＯＷＲＯＯＭさんはイベントや雑誌のモデルオーディションなどがすごいですよね。

SHOWROOM でのライブ配信の様子（イメージ）。左がスマホ版、右がパソコン版

前田　今、我々が番組を持つなど、SHOWROOM自体がメディアになる動きもあるので、そこに出演するだけで夢が1つ叶うような流れをつくっていければと思っています。

ゆうこす　いろんな配信者がいると思うのですが、どんなライブコンテンツが人気ですか？

前田　本気で夢を追っている配信者を応援するサービスの性質上、そういった優しい視聴者が多く、夢や目標を持って頑張っている人が人気です。トップ配信者になるにはさまざまな工夫や努力が必要ですが、大きく分けて、「熱量が凄い」「客観的視点とセルフプロデュース」「ストーリー性」という3つの要素が重要で、特に熱量が差別化要因になっていると感じます。例えば「なつみかん（東菜摘）」という、SHOWROOM発で最近地上波テレビにも出始めている配信者がいるのですが、彼女は本当に凄まじい熱量をもっていて、それが視聴者にも乗り移って熱いコミュニティーを形作っています。

ゆうこす　私も知っています！　すごくいい子で……。

前田　もう本当に心がピュアなんですよね。他にも、シンガーの「ゆきこｈｒ」は、少し前はライブを開催しても見に来てくれるファンが最高で５人くらいだったそう。今では２５０人のワンマンライブとかも開催していて、ＳＨＯＷＲＯＯＭでの人気もすごくて。ゆきこｈｒは純粋に歌で生きていきたいって思っていて、それにファンが共鳴しています。

それからＡｂｅｍａＴＶの「オオカミちゃんには騙されない」に出ていた「宮瀬いと」ちゃんも、ＳＨＯＷＲＯＯＭで『ＪＥＬＬＹ』のモデルになりたい！」って本気で思っていて、「ＪＥＬＬＹ」の雑誌モデルオーディションに参加したら、一気に人気になりました。ＳＨＯＷＲＯＯＭでもものすごく応援され

なつみかん（東菜摘）とゆきこｈｒ（右）

ているから、ディレクターの目にも留まってそのまま本当に専属モデルになってしまい、勢いそのまま、「オオカミちゃん」にも出演していました。

ゆうこす　ええ、すごーい！　スターだ！

前田　ライブ配信ってものすごく素が出てしまうから、うそはすぐバレます。彼女たちのように、ピュアでモチベーションを高く持っている人、夢にうそがない人が人気になりやすい。

宮瀬いと

ストーリー作りが難しいなら、キャラを立てる！

ゆうこす　私はライバーを育成していますが、「モチベーション」と「自己プロデュース」は事務所として支援できると思うんですけど、ライバー個人でストーリーを作るのって結構難しいですよね。事務所がストーリーを作って、「あなたはこういう設定で」というわけにもいかないですし……。

前田　確かに、難しいです。これはもはやプロデュースの領域。もし、自分自身がストーリーをあまり持っていないと感じる場合は、ある種虚構の「キャラクター」をしっかり立たせることでも十分に代替できます。有名な歌手でも、本当にその人の人間性をそのまんま反映した人と、全く別のキャラを演じるケースに分かれますよね？　後者を演じきるというのも、一つの手です。

ゆうこす　確かに！

前田　誰もが異口同音に同じことを言ったりイメージしたりできる状態にもっていくのが、「キャラ立ち」するということかなと。誰かと同じキャラにしても埋もれてしまうので、「ほかの人と比べてどうキャラが違うのか」という俯瞰（ふかん）目線がとても重要です。だか

ら、「あなたはこんな〝唯一無二〟を持っている」ということに気づかせてあげるのが、今後、ライバー事務所にも求められてくると思います。誰もがストーリーを持っているというわけではないし、必ずしもその必要はない。

ただ、ちょっと難しいのが、「虚構」がキャラづくりにおいて大事なキーワードであることです。先ほどあったように、ライブ配信はうそをつけない。つまり、一定の虚構性が必要なキャラづくりと、ライブ配信自体の相性が、必ずしも良いわけではない。キャラとは、本人の素の性格とそっくりそのまま一致するものでもない。

キャラ立ちという虚構性と、うそがないライブ配信の両立は、結構難しいものです。ライブ配信も虚構のまま、演じたままのキャラでやらないといけないとなると、かなりの器用さが求められるからです。だから、動画じゃなくて声だけの配信も増えていたりするのかなと。顔を出さずにいれば、「別の星から来ました、宇宙人です」っていう設定でやろうと思ったら、それで頑張れる。

一流のアーティストやスターは、ファンと合意の上で、ステージ上で徹底的に虚構を演じられます。多くのライバーは、限られた人数の濃いファンにとっての身近な存在として人気者になりますが、ファンが多くて偶像性の高いいわゆる一流のスターにはなかなかなりづらい。ここが難しいところ。ライブ配信者が一流のスターになるには、どこかで虚構性や偶像性——エンタメで言えば、例えば歌唱力や演技力という実力を磨くこともその一環——を引き上げないといけません。ネット発の歌い手でマス化したスターは何人もいますが、全て、卓越した音楽性が前提となっています。このあたりは次ページから詳しく話します。

タレント進化論
ライバー事務所は視聴者からの収入が期待できる

ゆうこす　実は、1年くらい前からライバーの卵を集めて、「ライバー事務所」をつくりました。今後は、ユーチューバーの某有名事務所のような形で配信者をサポートして、ライブ配信事業を成功させていきたいと思っています。

前田　素晴らしい！　ユーチューバー事務所の「直接課金版」みたいな形態ってことですよね。

ユーチューバー事務所の多くは、一部のユーチューバーが大きな企業タイアップなどで事業を支えるビジネスモデル。人気上位のユーチューバーは、「対クライアント（toB）」の広告ビジネスを柱に一定額は稼げていますが、人気下位のユーチューバーも事務所にたくさん登録している中で、それらは、広告によるマネタイズがなかなか見え難いケースも多い。まだ駆け出しで、タイアップ（案件）も満足につかず、主に再生数によるアフィリエイト収入がベースになっているようなユーチューバーは、よほどの再生回数を超えれば別だが、収益は安定しづらい。再生回数あたりの単価、つまり、

「何回再生で何円お金をもらえる」というものさしにも価格調整が入ることもある。たとえものすごく頑張って100万回再生されたとしても、それ単体で大きな見返りが期待できないことも多い。

下位のユーチューバーのマネタイズを模索する中、ここをtoBではなくて、「対コンシューマー（toC）」のビジネスに変えていこうという動きもある。「MCN（マルチチャンネルネットワーク）」（※）が、いわゆるライバー事務所的性質も同時に備える流れ、ですね。

※ユーチューバーなど動画クリエイターのマネジメントを業務とする事務所のこと

僕が今MCNを立ち上げるとしたら、MCNとライバー事務所を合体させたような会社にして、

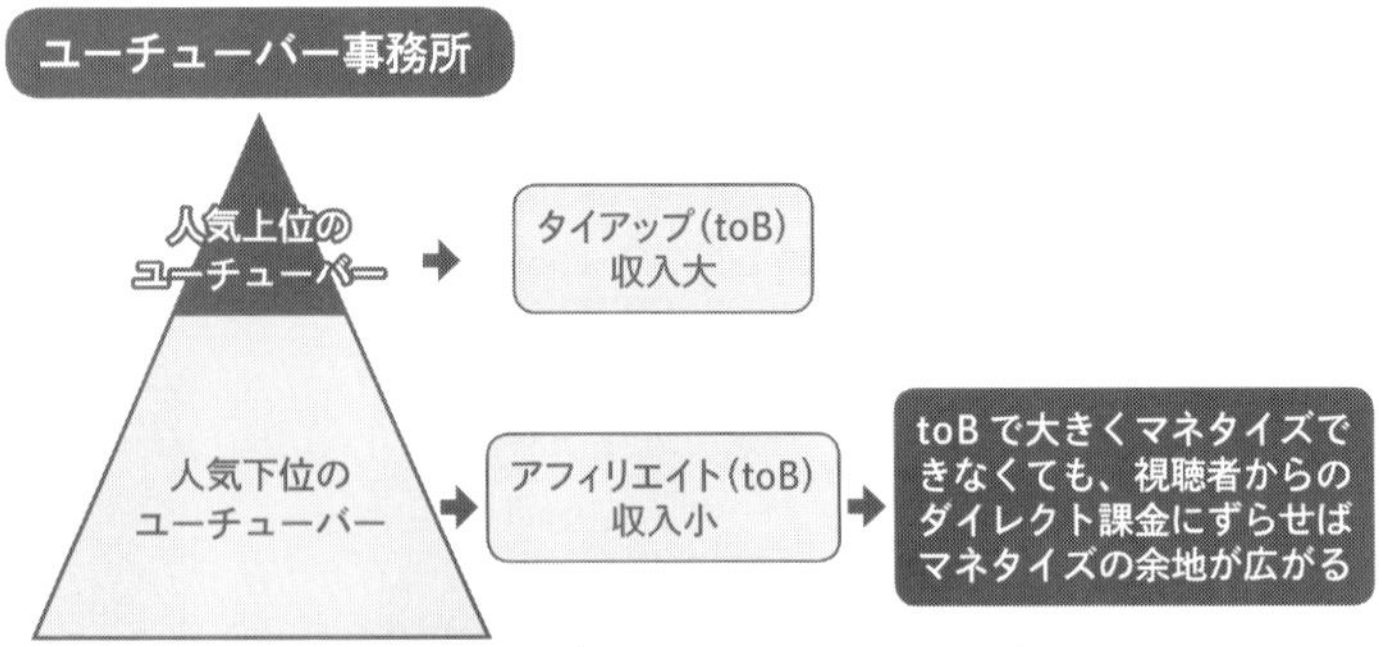

今後はタイアップやアフィリエイトに加えて、視聴者から直接収入が得られる

ｔｏＣとｔｏＢを両方取り込むと思う。登録しているライバーで人気上位の人がｔｏＢすなわち対クライアントでタイアップを取る一方、下位のライバーでも視聴者（対コンシューマー）からｔｏＣのギフティングで直接収入が得られるようにしていく。人気が下位のライバーでも視聴者からの直接収入で食べていけるようにちゃんとサポートする、すなわち、「ユーチューバー事務所の直接課金版事務所」を立ち上げる、というのは業界にとって有意義なことで、素晴らしいと思います。

ゆうこす　はい、そうなんです！　私はユーチューブだけでなく、テレビなどのマスメディアに出演したり、ほぼ毎日ライブも配信したりしています。だからイベントに来てくれ

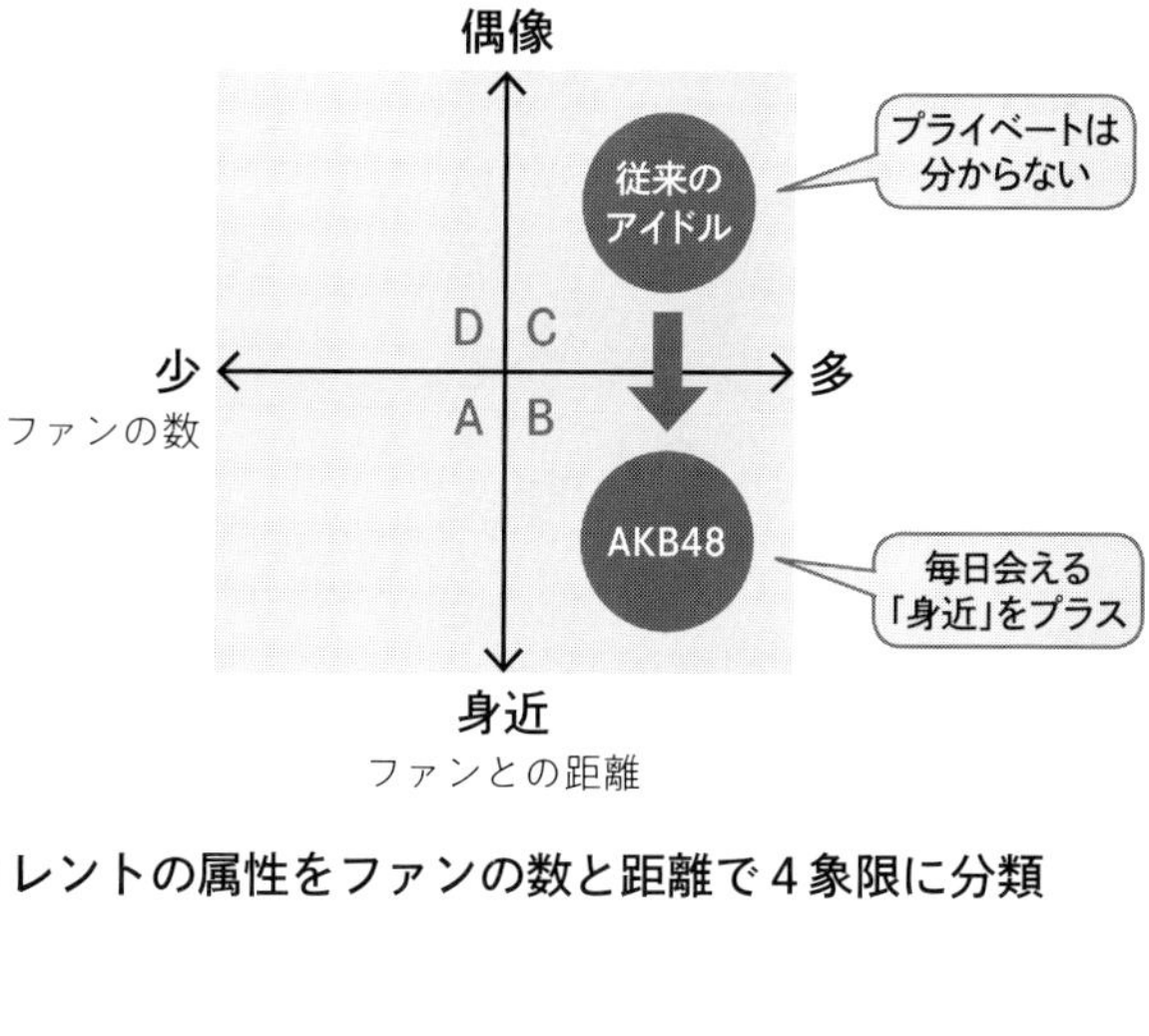

タレントの属性をファンの数と距離で４象限に分類

たり、密にコミュニケーションを取ってくれたりするコアなファンがつくれるし、新規のライトなファンもつくれるようになってきたのですが、ライブ配信からスタートすると、「人気ピラミッド」の上位には入りにくい構造になっていると思ったんです。

前田　その通りだと思います。インフルエンサーやタレントの分類について、よく、横軸をファンの数、縦軸をファンとの距離（身近か偶像か）にして考えます（前ページの図）。ファンとの距離が遠く、コミュニケーションもあまり取らない、コンテンツをあまり更新しないというタレントが上で、逆に、ファンからの距離が身近でたくさんファンとの双方向なやり取りもしてコンテンツを頻繁に更新する人が下、だとしますよね。この図で上から下に、つまり、本来「偶像」だったアイドルを毎日会いに行けるほど「身近」に寄せていくと、結果、ファンの数が増えた。これがＡＫＢ48の本質かなと思います。

タレントは人気も偶像性も高い大スターを目指す

前田　芸能事務所に所属しているけどファンはまだ少ない。でも、事務所のルールもあってツイッターやSNSなどをふんだんに使ってファンを増やす活動ができない人は、意外とたくさんいる。そういった人たちにサポートを提供するのが、ゆうこすの事務所の役割なのだと思います。ライブ配信やツイッター、インスタグラムというSNS領域でしっかり頑張ってもらって、この身近側の位置（B）に持っていって、濃いコミュニティーをつくる。そしていずれ、マネタイズにもつなげていく。

ゆうこす　まさにその通りです。ファンの少ない子たちを身近な存在に寄せるのは私の事務所でできるようになったのですが、偶像性が高くてファンが多い、Cの位置に持っていくのが難しくて……。

前田　確かに、それが一番難しいですよね。そこはもう、「プロデュース」が必要になってくる段階だから、一筋縄ではいかない。ここも含めてサポートしてあげられるようになると、さらに事務所として価値が上がりますね。ここは僕も最近一番考えているところです。でも、必ずしもそこ（C）まで持っていかなくても、Bまで連れていくだけでもすごい価値がある。ファンが全くついていない状態から、少なくとも一生懸命頑張ってさえいれば一定のファンがついて、そのコミュニティーの力で、何らか好きなこと

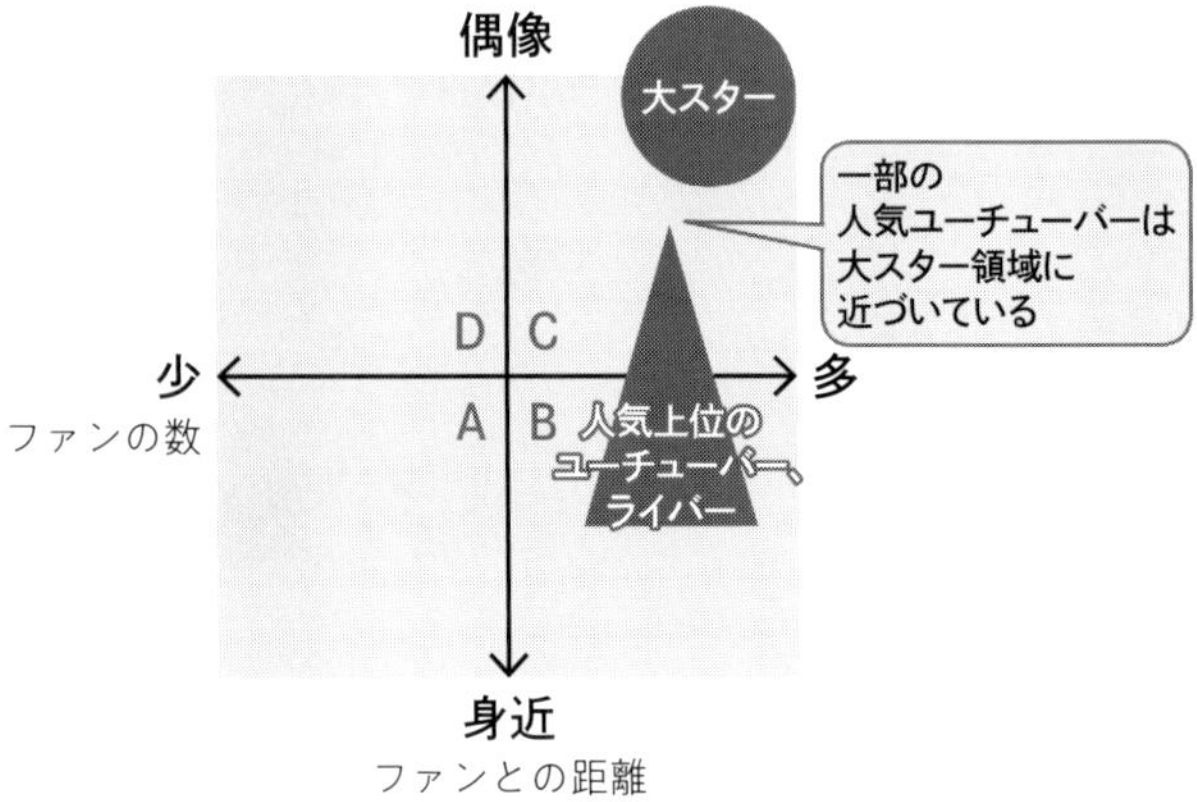

人気のユーチューバーは、偶像性が高く、
人気も高い大スター領域に近づいている

で生きていけるようになる。これだけでも、エンタメ界においてはもうひとつの大きな革命だと思います。

Bの位置のライバーは、Cの位置に行ける可能性があると思う。例えば最近の人気ユーチューバーの一部は、ファンが多くて偶像性もあるCの上のほうにどんどん近づいている。ドラマに出演したり、地上波TVにもどんどん出るようになるなど、さらに右上の「大スター領域」に向かっていっている印象を受けますよね。

もちろん、良いことばかりではない。偶像性が高くてファンが多いという大スター領域にいると、身近に感じてくれていたファンの熱が下がって、今度はファンへの影響力が下がる現象が起きるケースもある。その意味で

も、今自分はどういった立ち位置なのか、ファンとどの程度やり取りをすべきなのか、ということを戦略的に考えたりして、自分を常に客観視せねばならない時代ですね。

客観視は、B象限にいるライバーにとっても極めて重要な習慣です。ライバーがBからC象限に向けて成長するうえで大切なのは、今までやっていた「毎日配信」や「毎日ツイッター更新」などのファンとの距離を身近にする行動を抑えて、今度は、何らか偶像性を高めるためのアクションに切り替えていく、ということ。ある意味、ファンを遠ざけるようなアクションを取らねばならないこともある。これを戦略的にできる人は少ないなと思っています。

例えば、ゆうこすや幻冬舎の箕輪厚介さんなど、時代のインフルエンサーと呼ばれる人たちは、この「遠・近」の距離感の取り方がうまいと思う。例えば、箕輪さん。普段はSNSでファンとゆるいコミュニケーションを楽しんでいるんだけど、いざ講演会に出ると、ここぞとばかりにキレッキレな発言をする。箕輪さんが編集の話をすると「やっぱ箕輪さんって圧倒的にプロなんだな、遠い存在なんだな」って思うわけです。普段はゆるっと身近にコミュニケーションが取れてしまうので、「友人（＝近い）」という感覚も同時に持つ。二面性を戦略的に使い分けることで、ファンの熱量を作っているわけですね。

一般的なタレントの成長を「人気と実力」の2軸で考えると、今までの世界なら、実力もなく人気もないところからスタートした後、まずは実力を上げた。役者でもアーティストでも、スクールに通ったり練習したりして地

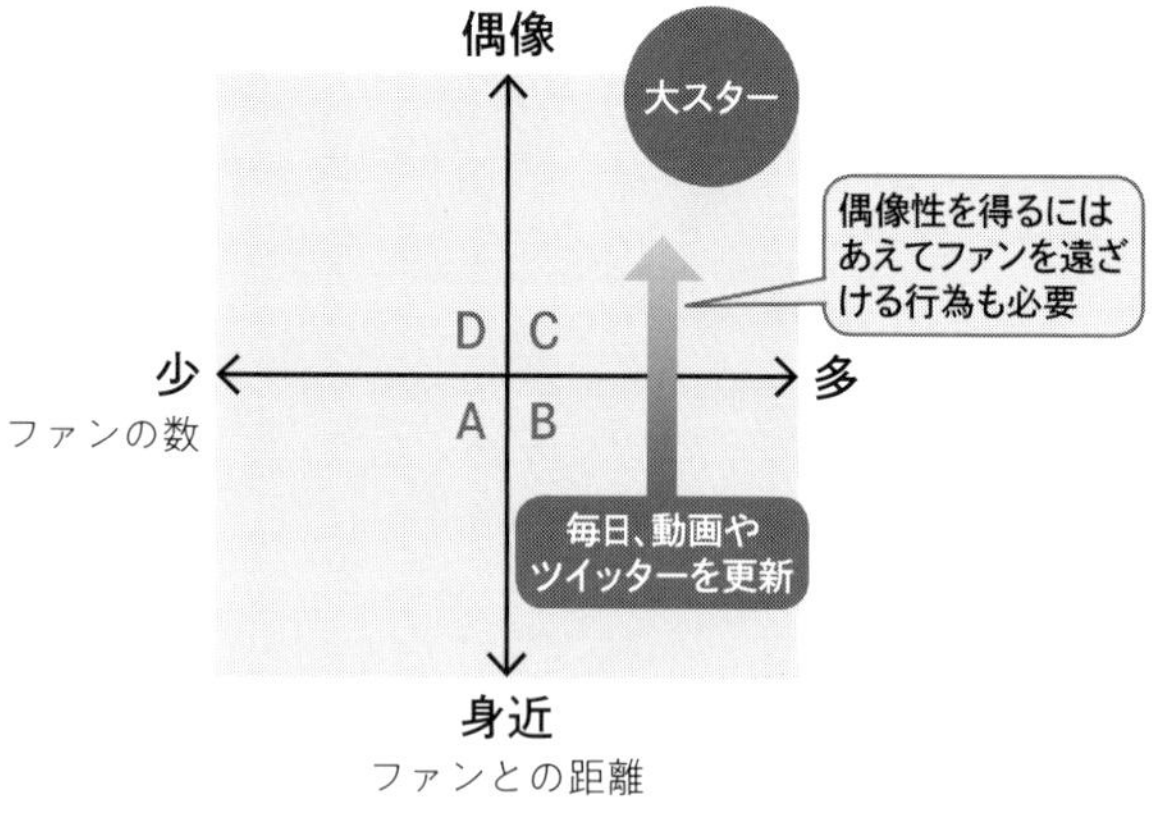

SNSなどで人気を得たユーチューバー、ライバーが大スター
領域に向かうには、あえてファンを遠ざける活動が必要

タレントが成長する道筋。
現在は実力よりも人気先行で成長するケースが多い

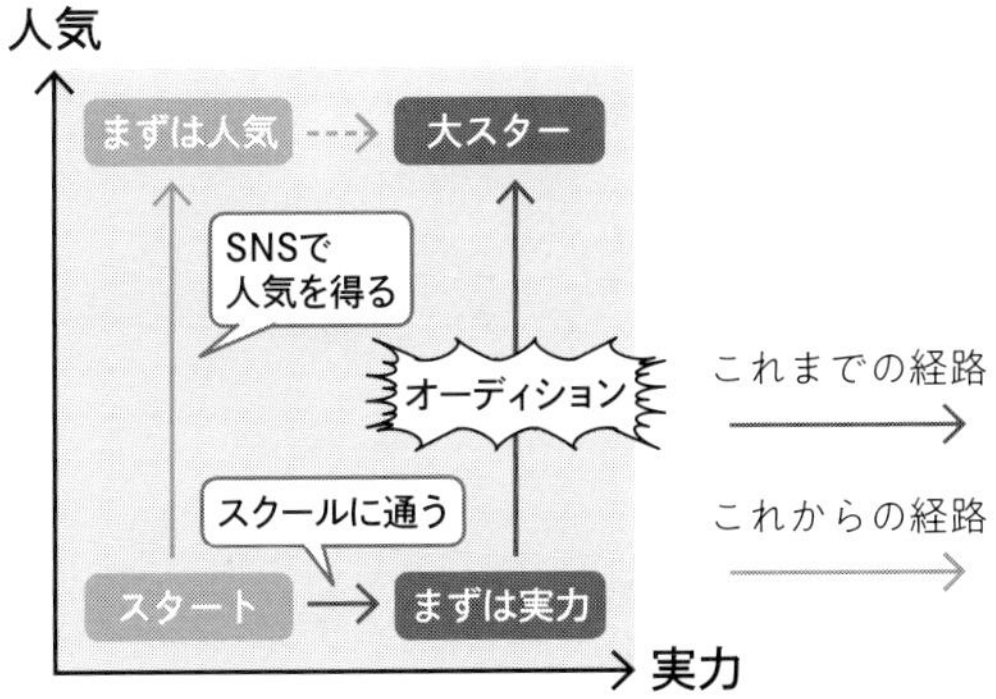

肩を伸ばそうと頑張って、その中からオーディションを受けるなりして認められた一部のタレントが、一躍人気者になる、という流れが主流だった。当たり前ですが、実力を上げてもオーディションに受からずに、埋もれてしまう場合もたくさんある。ところがSNSが登場して、「人気スタート」という道が出てきた。つまり、実力にかかわらず、まずはSNSで人気を上げてしまって、その後から、実力を考えればよい、といったケース。

直近の問題意識の1つが、「地肩」問題。つまり、SNS領域における努力によって身近な存在として「人気」を上げた人が、ある一定のところまで来たら、今度は人気ではなくて、「実力」を上げるための努力に移行せねばならないのですが、それが見えていないケースが多い。自分のファンコミュニティーという守られた宇宙船の中にいると、「船内だから空気を吸えているのかもしれない」という現実を忘れ、船からたまに、宇宙服すら着ずに飛び出していく人がいる。

宇宙服こそ、地肩であり、自分に備わった戦闘力、実力です。芸能界という宇宙で息をするためには、各分野における、卓越した実力が必要です。例えば俳優なら芝居の力がすさまじいし、アーティストだったら当たり前ですが、とても歌がうまい。かつ、声質や見せ方の差別化も効いている。このあたりの地肩がちゃんと備わっていないと、到底、マス化・一般化はし得ないし、大スター領域に到達することは断じてできない。

ライブ配信の一般化、ということを考えたときに、おそらく今一番の課題はそこなのかもしれません。身近を突き詰めて、努力して人気を獲得するフェーズから、次の「本当の実力」の世界に踏み出すところで足踏みしている。１００人を対象にエンターテイメントを提供していく、ということなら、全く問題ありませんが、より大きな聴衆を幸せにしたい、と思うのなら、本当は、「自分はこの分野で勝っていく」と決め、徹底的に自分を客観プロデュースし、ユーチューブやインスタグラムなど既存ＳＮＳを使いつつも、戦略的にマス露出をしたり、作品を出したりするなどの偶像側のアクションを戦略的に取らねばならない。

動画制作はチーム制の時代に

ゆうこす　なるほど……。実は私、動画編集の会社も設立しようと考えています。今のユーチューバーは、「自分で撮影もして編集するのがかっこいい！」みたいな風潮があって、確かにすべてを自分でできるのはすごいことだと思うのですが、そこまで一人で頑張る必要はないのでは？　と感じます。そこで、ライブ配信でファンと日常のコミュニケーションを取れる体制を支援して、ユーチューブはチームを組んでサポートをしようと考えているのですが……。

前田　確かに、それは僕も思っていたことで、ユーチューバーという仕事には、企画↓出演↓撮影↓編集↓拡散という要素がありますが、今、

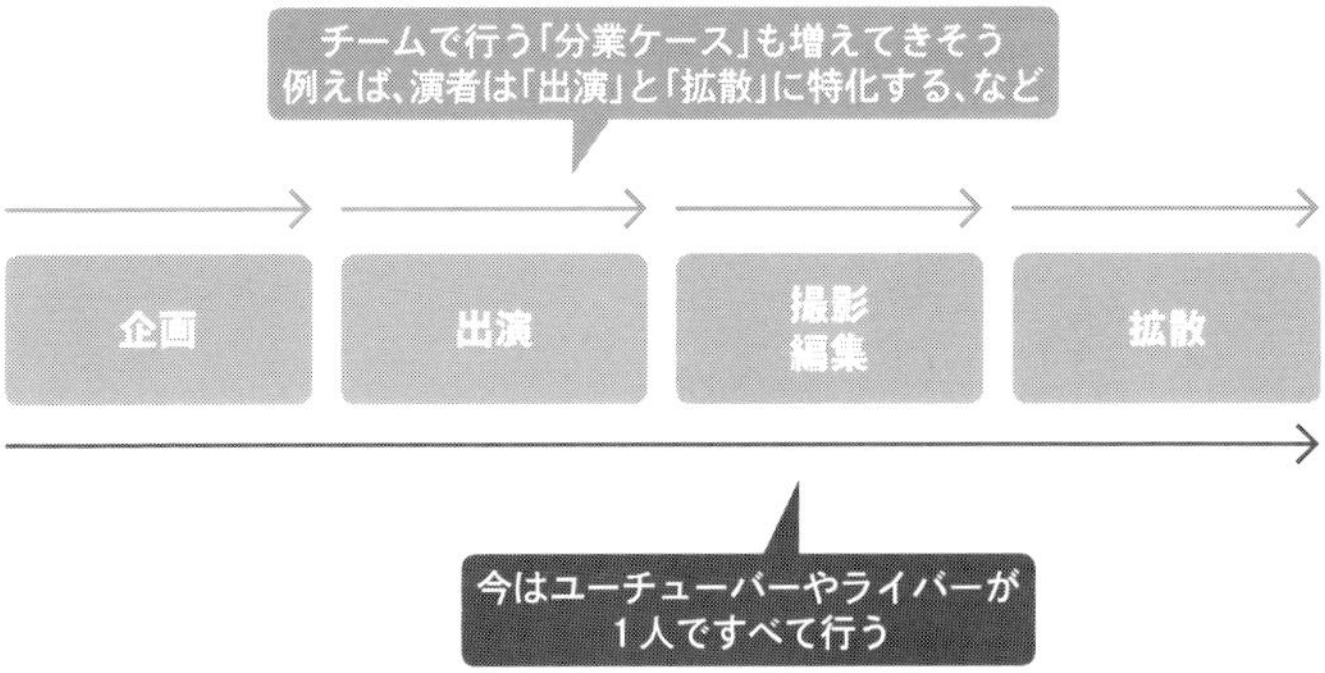
チームで行う「分業ケース」も増えてきそう
例えば、演者は「出演」と「拡散」に特化する、など
企画
出演
撮影
編集
拡散
今はユーチューバーやライバーが
1人ですべて行う

動画制作の工程。これからはチームで分担するようになる

そのすべてをやるのがユーチューバーだという風潮がある。でも、これからは、企画や撮影・編集まで必ずしも一気通貫、自分1人でこなさなくていい時代が来ると感じています。それぞれが得意なことに特化して、「チーム」で良質なコンテンツを作っていく、チームの時代の到来です。

ゆうこす　出演や拡散に特化するスタイルがかっこいいというか「すごい！」という流れになってほしいなと思います。今回はライバー論の講義を聞いているようで、とても分かりやすく、ためになる話を本当にありがとうございました。

ゆうこすの目指せプロフェッショナル 特別編〈初出一覧〉

・いい動画とは？　ゆうこすが明石ガクトに聞くブランディング術
（2019 年 05 月 23 日）

・動画制作者に必要なセンスとは？　ゆうこすが明石ガクトに聞く
（2019 年 05 月 30 日）

・動画チーム支えるカルチャーフィット　ゆうこすが明石ガクトに聞く
（2019 年 06 月 07 日）

・クリエイティブディレクター篠原誠の「伝えるコツ」　ゆうこすが聞く
（2019 年 10 月 24 日）

・「制約」がアイデアを生む　ゆうこすが篠原誠に聞く
（2019 年 10 月 29 日）

・人気の配信者になるには？　SHOWROOM 前田裕二にゆうこすが聞く
（2020 年 01 月 06 日）

・ゆうこすが聞く、SHOWROOM 代表前田裕二が語るタレント進化論
（2020 年 01 月 09 日）

※「特別編」への掲載にあたり一部再構成しています。また、情報は原則として掲載時のものです。

あとがき

皆さま、今回はこの本を手に取って読んでくださってありがとうございます。私がモテクリエイターとして多くの方に支持していただけるようになったのはライブ配信のおかげ！　と言ってもいいほどで、こうやってライブ配信の本を書けるのがすごくうれしいです。ライブ配信の素晴らしさが少しでも伝わっていれば幸いです。

そんな本書ですが、執筆の最中に2つのトラブルに見舞われました。ひとつはコロナ禍。そしてもうひとつは、私のSNSが炎上したことです。

コロナウイルスの感染拡大によって、私たちの生活は一気に姿を変えました。今まで当たり前だったイベントやコンサートが軒並み中止。先の見えない暮らしと自粛ムードの影響か、SNSのタイムラインも荒れがちでした。でも、だからって楽しむのが悪なんてことは決してなく、家にいながらコミュニケーションが取れる、楽しめる手段として、ライブ配信が脚光を浴びることになりました。ライブ配信を見て楽しむことが、文化として根付いてきた。配信する人たちも一気に増えました。

私が立ち上げたライブ配信者事務所321も、広告を打たずに所属者が毎月100人以上増えるなど、改めてライブ配信の可能性を感じさせられました。多くの企業やアーティストもライブ配信を行うようになっており、もっと早くやっておけばよかった！という企業の方などもいらっしゃるのではないでしょうか？

そして私の炎上の件。そもそもの発端は完全に私に非があったのですが、想定した以上に拡散されてしまい、私がご迷惑をおかけした方とはまったく関係のない、不特定多数の人々からの誹謗中傷を受けました。謝罪を終えた後、1度あらゆる発信を休止しました。

1カ月ほどお休みした後、最初に再開したのはライブ配信でした。もちろん否定的なコメントもありましたが、他のSNSに比べて圧倒的にコアなファンが見てくれるし、配信の回数を重ねることで、視聴者の皆さんに謝罪の思いが届いたように感じました。改めて、ライブ配信はダイレクトに気持ちを届けられるツールだと確信しました。

コアなファンとやり取りをすることでストーリーが生まれる。色々な配信ツールやサイトがありますが、本質はここにあると思います。私が活動を再開したときも、普段からライブ配信をしているインスタグラムには1000件を超えるコメントが！　使っている他のどのSNSよりも圧倒的な反応でした。

ライブ配信はまだ歴史が浅いということもあり、日進月歩の世界で、執筆している間もどんどんアップデートされていくので、都度書き直す羽目になり大変でした（笑）。

でもそれは素晴らしいことで、きっと時代に合わせてさまざまなアップデートがなされていくと思います！　とても楽しみですね。新しいものを誰よりも早く使えば、視聴者にフレッシュな体験を提供できるはずですし、私は実際にそうしてきました。

私はこれからも生配信を使って、思いを届けていこうと思います！

生配信の時代は始まったばかりです！！！

2020年7月　菅本裕子

フォトレポート

ゆうこす式ライブ配信を紙上体験！

改めまして、ゆうこすです！　ライブ配信について詳しく紹介しましたが、具体的にどんなものかご存じでない方も多いのではないでしょうか？　そこで、私が普段どんな感じでライブ配信しているのか、その様子をフォトレポートで紹介したいと思います。ライブ配信の教科書なのに、動画ではなく静止画ですみません（笑）。普段どんな流れで準備をして、どんなことに注意して配信しているのかも併せて簡単に紹介しますので、「ライブ配信ってこんな感じなんだ〜」というイメージをつかんでいただければと思います！

準備開始！

2020年1月某日夜、都内某所です。21時から2019年のベストコスメを紹介するライブ配信をインスタグラムで行います。準備は1時間くらい前から始めます。

身支度を整えつつ、撮影器具をセットしていきます。私はライブ配信が生活の一部になっているので、普段パジャマとかで配信することも多いですね。この日のテーマは「2019年に購入して使用した中で良かったベストコスメ」なので、紹介するコスメをテーブルに並べていきます。撮影場所に三脚をセットしてスマホを固定し、リングライトを設置します。配信途中でバッテリーが切れたら大変なので、フル充電したスマホを使ってくださいね。と言いつつ、私はバッテリー残量が20％を切っていることが多いので、ここからモバイルバッテリーで充電を始めます（笑）。

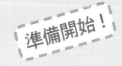

次にパソコンを用意して、BGM の調整をします。著作権の問題などがあるので、私は自分で作曲した曲を流しています！　著作権フリーの音源を使うのも手ですね。

ライブ配信開始の30分前です。なるべくたくさんの人に見てもらえるように、SNSで告知します。短い動画を撮影してアップロードします。ツイッターでは正方形の動画をアップすると大きく表示されます。また、告知と一緒に事前アンケートを取ることも多いです。数日前にアンケートを投稿しておけばベストですが、短いときには5秒前！というケースも……。また、もしクライアント企業さんからの依頼で商品を紹介するようなときは、紹介する商品やこれだけは言っておきたいことなどを紙に書き出してカンペ（カンニングペーパー）を置いておきます。今回の「2019ベスコス紹介」など、自分のコンテンツを発信する場合は用意しないことが多いですね。慣れもあると思うのですが、頭の中で準備して話す場合がほとんどです。

配信スタート！

もうすぐ配信開始の21時になります！　配信予定の2～3秒前には必ず画面の前で手を振って、配信開始のボタンをタップします。開始ボタンを押して、それから手を振ると、最初に映るのは、ボタンを押している私の真顔になります（笑）。ちょっとしたことですが、最初から皆さんと笑顔でつながりたいので、「手を振りながら開始」を心掛けています。

「これから15分間、ゆうこすが選ぶ2019年のベストコスメを紹介します」と、今回のライブ配信のテーマを最初に紹介します。すると、見に来てくれた人がコメントを送ってくれるのですが、親切な視聴者さんがいつも今回のテーマを投稿してくれるので、それを固定します。これで後から来た人も今回の配信の内容が分かるようになります。「○○さんのコメント、固定させてもらいます！　ありがとうございます！」と、きちんと投稿してくれた人の名前を読み上げてお礼を言うのがポイントです。そうすると、視聴者さんは「しっかり自分を見てくれている」という特別な気持ちになりますし、画面越しですが、お互いにリアルタイムでコミュニケーションが取れているというハッピーな気持ちになれますよね！

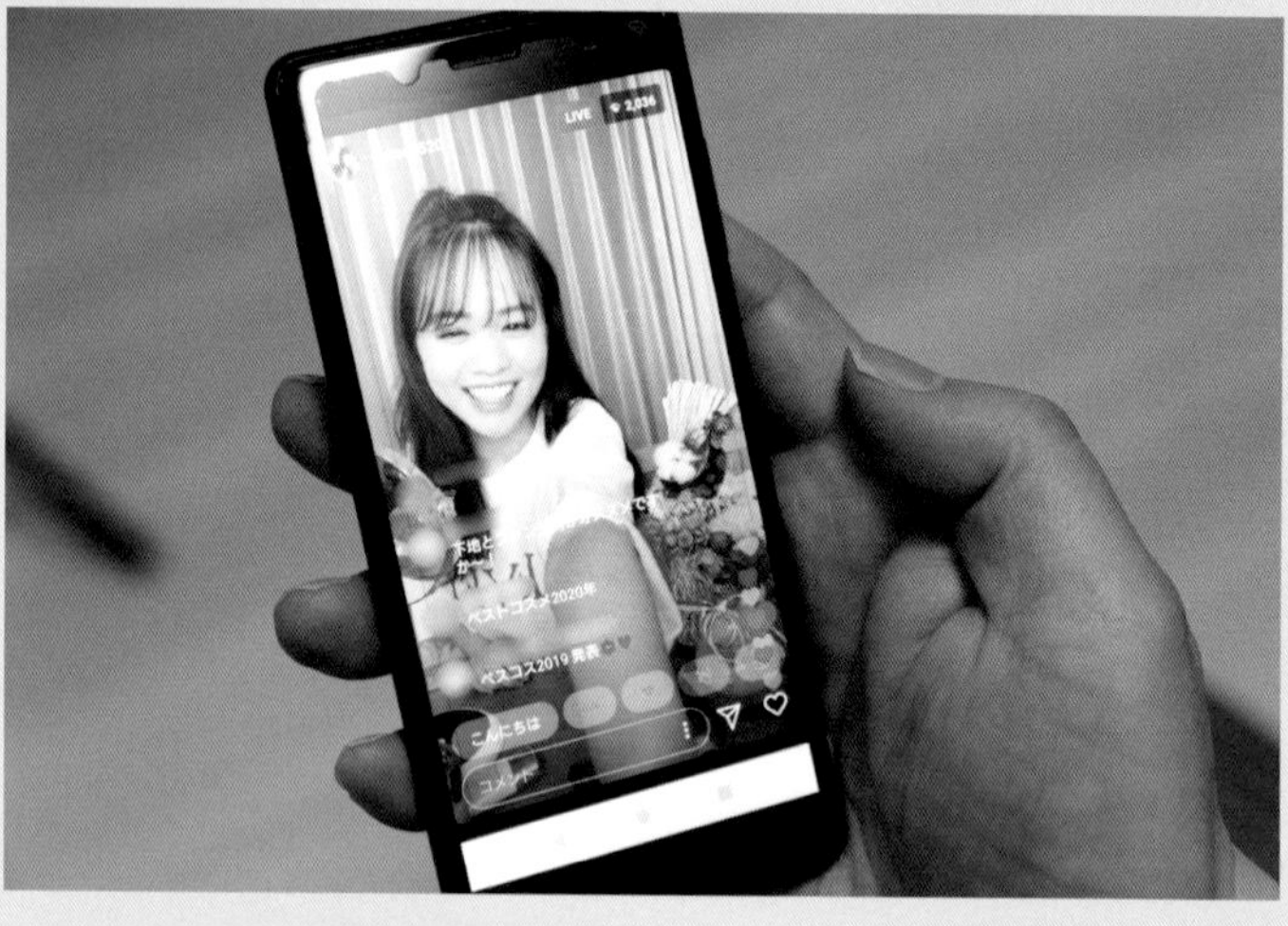

配信中は画面の右上に表示される視聴者数などを見て、見に来てくれた人に感謝の気持ちを伝えます。配信を開始してからすぐ2000人を突破してうれしかったので「今、2000人超えました！　すごい！　ありがとうございます!!」とお伝えしました。

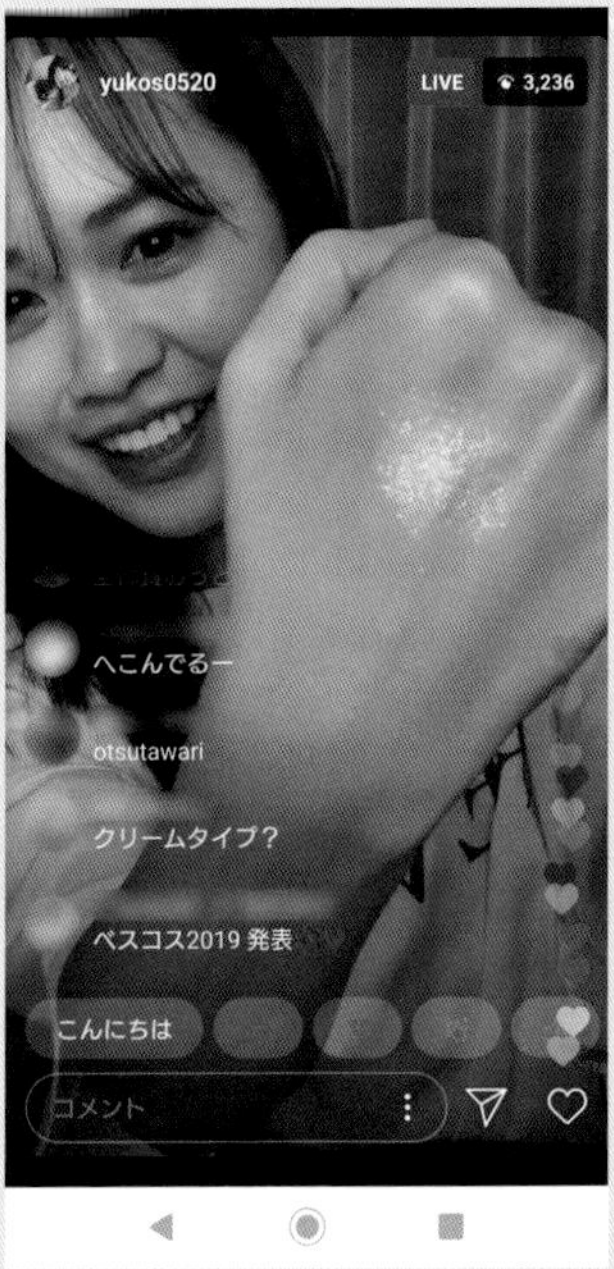

順番に商品を紹介していきます。コスメは使用感が分かるように、顔や手の甲に塗って色味を見せ、私の普段の使い方などを説明します。手元にはクレンジングオイルなどを用意しておくと、すぐふき取って次の商品の紹介ができるのでスムーズです。説明の合間に、「BGM の大きさどうですか？」などと呼びかけて視聴者の反応を確かめます。「ちょうどいい」とか「少し大きいかも……」などとコメントしてくれるので、音が大きい場合は下げるなどして、みんなが視聴しやすい環境をつくることも大切です。

時には話す内容を用意しておくのを忘れてしまったり、視聴者の質問にすぐに答えられなかったりすることも……。例えば商品の値段が分からないときは、「値段が分からない！　誰か調べて書いてください……。協力求む……」といった感じで呼びかけると、親切な視聴者さんが調べてコメントしてくれます。「〇〇さん、ありがとうございます！　〇〇さん、4290円だそうです！」と、名前とコメントで書いてくれたことを紹介します。私は、すべての情報を用意して完璧に配信しようとは思っていません。みんなでライブ配信を作っていくという、参加型のコンテンツにすることを重要視しています。だって、そのほうが絶対楽しいと思うから！

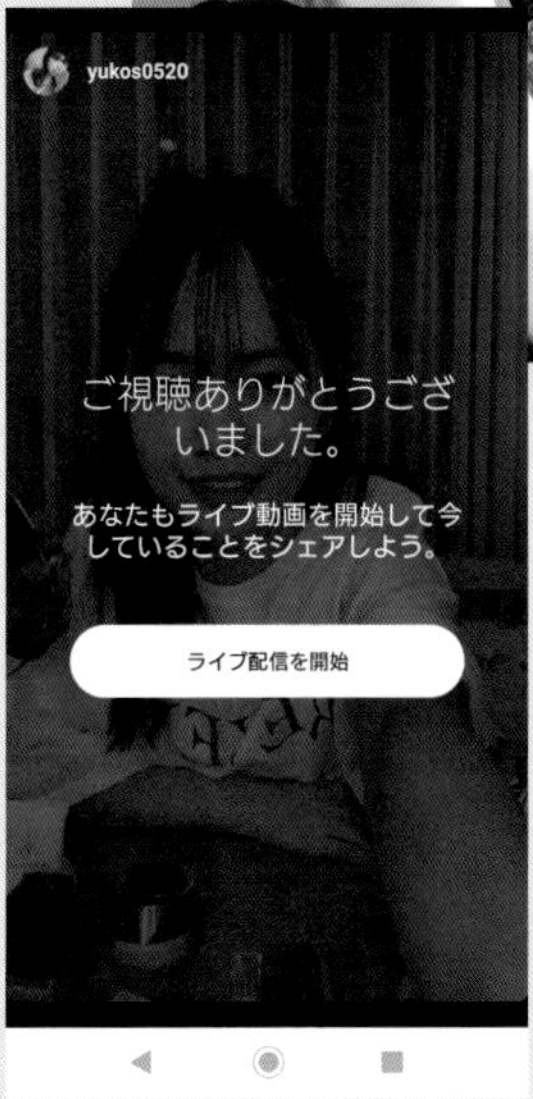

最後に、アーカイブに残す場合はその旨を伝え、次回の予告があるときは告知をしてライブ配信は終了です。

配信終了！

どうでしたか？　ライブ配信のリアルなイメージはつかんでいただけたでしょうか？　もっとリアルに知りたい方は、ぜひ私のライブ配信を一度ご覧になってください！

著者
ゆうこす（菅本裕子）

アイドルグループを脱退後、ニート生活を送るも自己プロデュースを開始し「モテクリエイター」という新しい肩書きを作り自ら起業。現在はタレント、モデル、SNSアドバイザー、インフルエンサー、YouTuberとして活躍中。10～20代女性を中心に自身のInstagramやYouTubeチャンネルで紹介するコスメ等が完売するなどその影響力は絶大。Instagram、Twitter、LINE@、YouTubeなどのSNSのフォロワー150万人以上。

#ライブ配信の教科書

2020年8月24日　第1版第1刷発行

著者　ゆうこす（菅本裕子）
発行者　杉本昭彦
発行　日経BP
発売　日経BPマーケティング
〒105-8308　東京都港区虎ノ門4-3-12
装丁　坂川朱音
写真　稲垣純也
編集　渡貫幹彦、坂巻正伸
編集協力　吉成早紀（アバンギャルド／戸田覚事務所）
制作　アーティザンカンパニー株式会社
印刷・製本　大日本印刷株式会社

本書籍に関するお問い合わせ、ご連絡は下記にて承ります。
https://nkbp.jp/booksQA

ISBN978-4-8222-8856-3　Printed in Japan